JN235358

First Book

熱力学がわかる

何に使えるか分からなければ、意味がない
エネルギー問題の解決に役立つ熱力学

石原 敦
中原 真也 著

技術評論社

はじめに
～熱力学は何に役立つの？

　熱力学は、エンジン、エアコン、発電所、燃料電池を設計したり、それらの効率を上げたりする場合に必要な知識です。したがって、熱力学はエネルギー問題を解決するために、そして地球環境を改善するために必要不可欠なものです。

　この本は、初めて熱力学を学ぶ人が、確実に、1人で、熱力学の問題を解けるように配慮しました。人は覚えていることを忘れたり、ちょっとしたことでわからなくなったりします。本書では、

　　疑問点に対して；「はてな君」

　　疑問点への簡潔な答えに；「アンサー君」

　　途中で挫折しないように；「お助け解説」

　　つまずきやすいところに；「つまずき注意」

のアイコンを設けました。さらに熱力学を使った実践的問題として、

- エンジンの馬力を求めたい！
- CO_2 の液化させるのはどうするの？
- 水素と酸素からできるものは、水だけ？

を考えました。また、熱力学に関係する試験では、計算問題も出題されます。特に計算してほしいところには「電卓マーク」を付けました。

　熱力学の勉強で、この本が皆さんの心に残る1冊となれることを切望しています。

ファーストブック **熱力学がわかる** Contents

はじめに 〜熱力学は何に役立つの? 3

序章 熱力学は役立ちますか?
— 熱力学の学習の方向 — 11

0-1 熱力学は役立ちますか? 12
- ●人が車を押すには何馬力いるか? 12
- ●空気を使って車を押すには? 12
- ●ペットボトルの中の空気の重さは何gか? 13
- ●火を使わずに、部屋を暖めるには? 13
- ●おならの広がりに、熱力学の極意あり 14
- ●効率よいエンジンをつくるのに必要なものは? 14
- ●地球温暖化を防ぐために、CO_2を液体化できないか? 15
- ●ロケットの炎の温度は、何度になる? 15
- ●レッツ、スタート熱力学! 16

第1章 箱を動かす仕事を考えよう!
— 力と仕事 — 17

1-1 仕事するには、力がいるんだ! 18
1-2 氷の上で仕事すると、楽ですか? 20
- ●地面の状態で、仕事は変わるか? 20
1-3 人は常に同じ力では押せません! 22
- ●力の大きさが変化するとどうなる? 22
1-4 この台形の面積を計算できますか? 26
- ●面積を、積分で求めてみよう! 27

1-5　いろいろな力で仕事をしよう! ································ 29
　　　　　●力の強さが変化していく場合は? ························· 29
　　1-6　反比例が熱力学では大切です! ································ 33

第2章　圧縮空気で仕事をしよう!　― 圧力と体積 ― ···· 37

　　2-1　圧力と力 ··· 38
　　2-2　圧力を測る　～絶対圧とゲージ圧 ··························· 41
　　2-3　圧力で仕事 ·· 45
　　　　　●圧力が一定のときの仕事を求める ························ 45
　　　　　●圧力が一定でないときの仕事を求める ··················· 51
　　2-4　油圧ジャッキで仕事 ·· 54

第3章　ペットボトルに、何kgの空気が入っている?　― 理想気体 ― ············ 57

　　3-1　気体の体積と圧力と温度　～ボイル・シャルルの法則 ······ 58
　　3-2　ペットボトルの中の空気の分子の数 ························ 61
　　3-3　空気の重さはいくらでしょうか? ···························· 64

第4章　空気を暖める!　― 熱力学第1法則 ― ············ 77

　　4-1　内部エネルギー ··· 78
　　4-2　気体の比熱　～定積比熱 ····································· 82

4-3	外部仕事 〜熱力学第1法則	84
4-4	エンタルピー	89
4-5	わずかな変化	94

第5章 出したおならをおしりに戻せますか？
― 熱力学第2法則 ― ……97

5-1	永久機関	98
5-2	エントロピー	99
5-3	エントロピーを求めてみよう	102
5-4	ジュールの実験	104
5-5	熱力学第2法則	107

コラム エアコンの効率は、1以上？ ―熱力学の使われ方― ……… 109

第6章 出したおならをおしりに戻せます！
― 4つの変化 ― ……113

6-1	圧力は、どうなるの？	114
6-2	4つの可逆変化	120
	●①等圧変化	120
	●②等積変化	121
	●③等温変化	121
	●④断熱変化	121
6-3	いろいろなコースでゴールをめざす	125

6-4　そのときエントロピーは、どうなるの？ ……………… 129
6-5　気体に加えた熱量を求めよう！ ………………………… 131
6-6　出したおならをおしりに戻そう！ ……………………… 133

第7章　エンジンの馬力を求めよう！
― 可逆変化の利用 ― …………………………………… 135
7-1　エンジンの馬力の計測 ……………………………………… 136
7-2　動力計を用いないエンジンの馬力の計測 ……………… 139
　　　●左回り行程 …………………………………………………… 144
7-3　エンジンの出力の計算 ……………………………………… 148
7-4　エンジンの効率 ……………………………………………… 149
7-5　理想的エンジンサイクル …………………………………… 152
　　　コラム　エンジンと電気モーターの違い？ ―熱力学の使われ方― … 155

第8章　CO_2を液化するにはどうやるの？
― 気液平衡 ― …………………………………………… 157
8-1　富士山の上では、水は何℃で沸騰しますか？ ………… 158
8-2　CO_2の液化 ………………………………………………… 164
　　　コラム　水飲み鳥と熱力学　―熱力学の使われ方― ……………… 166

第9章 水素と酸素からできるものは、水だけ？
　── 反応 ── 169
- 9-1　水素を燃やすと何ができる？ 170
- 9-2　水素と酸素と水だけで考えよう 171
- 9-3　分子を混ぜるとエントロピーはどのくらい増える？ ... 173
- 9-4　自由エネルギーで計算しよう！ 177
- 9-5　ロケットの炎の温度は何度？ 179
  - コラム　燃料電池と熱力学 ─熱力学の使われ方─ ... 181

あとがき　〜熱力学はバッチリ？ 185

索引 187

序章

熱力学は役立ちますか？

熱力学の学習の方向

一見、難解な熱力学は、何に使えるのでしょうか？ 例を見ながら、その応用性について考えてみましょう。

0-1 熱力学は役立ちますか？
～熱力学の使われ方

この章では、熱力学がどんな場合に使われるかを見ながら、この本の全体の流れをつかみましょう。

🔵 人が車を押すには何馬力いるか？

自動車にはエンジンがついていますので、楽にドライブできます。しかし、もし、エンジン故障したりすると人が車を押さなければいけません。ではそのとき、人の馬力はどのくらい必要なのでしょうか？　第1章では、人が車を押すイメージで、人の仕事を考えてみましょう。

図0-1　人が車を押すには何馬力いる？

🔵 空気を使って車を押すには？

人が車を押す仕事は大変です。第2章では、圧縮空気を使って、車を押すことを考えてみましょう

図0-2　圧縮空気で車を押してみよう

● ペットボトルの中の空気の重さは何gか?

　空気は軽いので、ペットボトルの中の空気の重さを量るのは難しいです。熱力学の力をつかって、第3章でペットボトルの中の空気の重さを求めてみましょう。

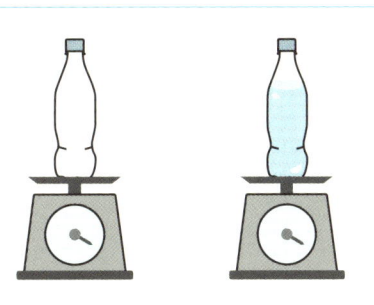

図 0-3　ペットボトルの中の空気の重さを量るには?

● 火を使わずに、部屋を暖めるには?

　ストーブは、火を使って部屋を暖めます。しかし、暖房エアコンは、火を使いません。第4章では、暖房エアコンの原理を考えてみましょう。

図 0-4　火を使わずに部屋を暖めるには?

ストーブ　　　エアコン

0-1 熱力学は役立ちますか?

● おならの広がりに、熱力学の極意あり

出したおならは、おしりには簡単に戻せません。おならが部屋に広がると何が変わるのでしょうか？　第5章と第6章でおならのことを考えると、熱力学が明確になります。

図 0-5　おならが広がると何が変わる？

● 効率よいエンジンをつくるのに必要なものは？

効率よいエンジンをつくるためには、エンジンの性能を調べなければなりません。エンジンの性能を考える場合、熱力学がとても役立ちます。第7章でエンジンの出力を考えてみましょう。

図 0-6　効率のよい高性能なエンジンをつくるには？

地球温暖化を防ぐために、CO_2を液体化できないか？

　地球の温暖化を防ぐために、その原因の1つである気体のCO_2（二酸化炭素）を液化する取り組みがあります。気体のCO_2は、どのような条件で液体になるのででしょう？　その求め方は、第8章です。

図 0-7　地球の温暖化を防ぐには？

ロケットの炎の温度は、何度になる？

　宇宙へ飛び出すロケットの多くには、酸素と水素が使われています。開発が進んでいる燃料電池自動車にも酸素と水素の反応が使われていて、将来の私たちの生活には水素が不可欠です。第9章では、「酸素と水素が燃えて、ロケットから噴出するときの温度は何℃でしょう？」という問題にチャレンジしてみましょう。

図 0-8　ロケットが噴き出す炎は何度？

❶ レッツ、スタート熱力学!

　限りあるエネルギーで、効率よく仕事を行うためには、熱力学は、とても役立つ知識ですので、熱力学を使う場所は、意外と多いです。しかし、熱力学は難解だという印象があります。でも、この本を読み終わると、熱力学を理解するポイントが分かり、きっと熱力学が好きになっているでしょう。さあ、熱力学を始めましょう。

第1章
箱を動かす仕事を考えよう！

力と仕事

この章のことがらは、熱力学の計算を行うために必要な知識です、熱力学以外でもとても大切な基礎知識です。

1-1 仕事するには、力がいるんだ!

　図0-1のように車を人が動かす仕事は大変です。そこで、車を単純化して、大きな箱を人が動かす仕事を考え、熱力学の基礎を学びましょう。
　図1-1のように箱にFの**力**をかけ、Lの**距離**だけ箱を動かした場合、

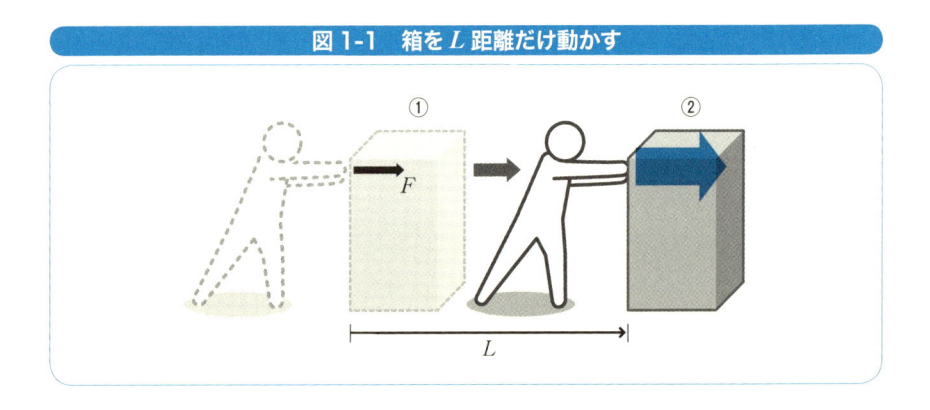

図 1-1　箱を L 距離だけ動かす

人のした仕事 W は、**力の大きさかける距離**で、次式のように求まります。

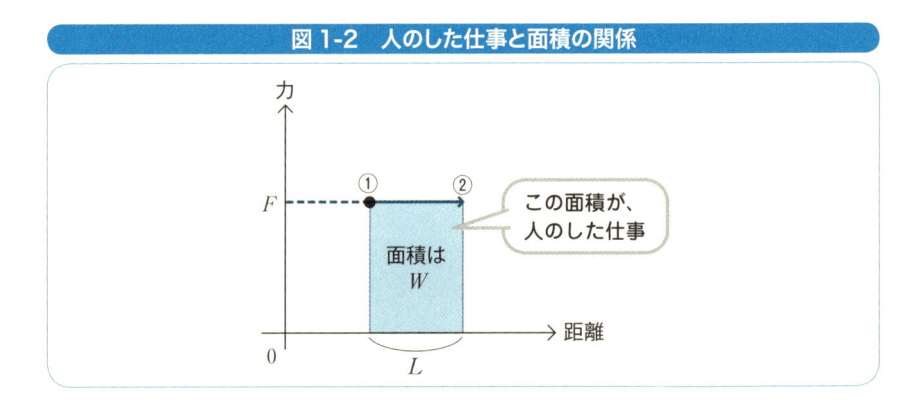

$$W = F \times L \tag{1-1}$$

図 1-2　人のした仕事と面積の関係

この式を、縦軸に力F、横軸に距離Lをとり、グラフにすると図1-2になります。この図の長方形の面積が、**人のした仕事**Wと同じになります。

$W = F \times L$、つまり**「仕事は、力かける距離」**が、熱力学でもっとも大切な知識です。

7章のようなエンジンの出力を求める実践的な問題を解くときには、図1-2のように仕事をグラフで表わすと、仕事の大きさが明確になります。

この距離Lの単位には、m(メートル)を使い、力Fの単位には、N(ニュートン)を使います。力の単位には、kgfやkgw(3章の章末参照)もあります。

しかし、工学的な計算をするときの力の単位には、N(ニュートン)を使います。仕事Wの単位は、$W = F \times L$の式から力N×距離mなので、N・mと書けますが、仕事Wの単位はJ(ジュール)を使います。ニュートンもジュールも人の名前からとった単位です。

Q 1Nの力で1mを動かす仕事の単位Jを、Nを使うとどう表わせますか？

A 仕事は、力かける距離で求まるので、1J = 1N×1m = 1N・m(ニュートンメートル)
(1Jは1Nの力で1m動かす仕事)

Q 20Nの力を作用させて、4m動かすとき仕事はいくつでしょう？

A 式(1-1) $W = F \times L$より、20N×4m = 80N・m = 80J

1-2 氷の上で仕事すると、楽ですか？

地面の状態で、仕事は変わるか？

Q 氷の上で箱を押すと一見楽に押せそうです。では、普通の床の上で箱を動かすのと、摩擦が小さい氷の上で箱を動かすのとでは、仕事はどう変わるでしょう？

図1-3　摩擦がある場合

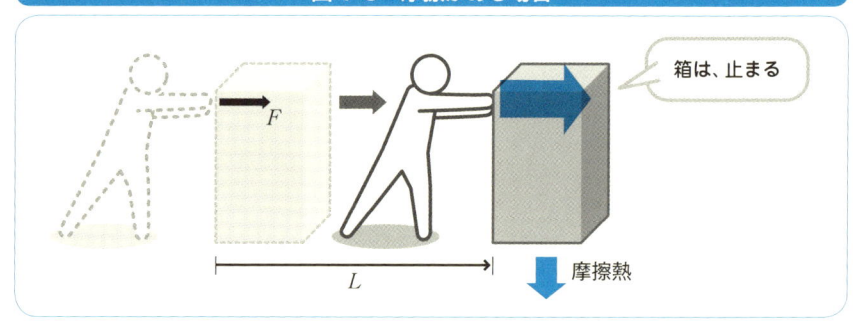

箱は、止まる

F　L　摩擦熱

図1-4　摩擦がない場合

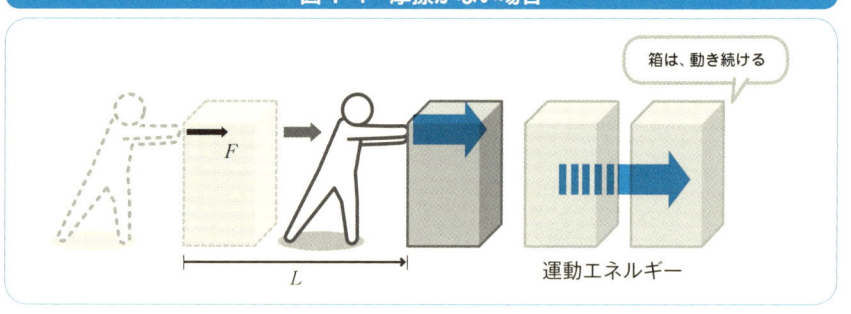

箱は、動き続ける

F　L　運動エネルギー

A 仕事 W は、式（1-1）の $W = F \times L$、つまり**「仕事は、力かける距離」**なので、摩擦がある床でもない床でも、人のした仕事は同じです。

摩擦がある床のほうが、箱を動かす仕事が大変なのは、摩擦がある分、大きな力 F が必要なためです。

お助け解説

図1-3のように摩擦がある場合は、箱を動かすと、摩擦熱 Q が発生します。つまり、仕事 W は、摩擦熱 Q に変わります。動かした後、箱の下を触ってみましょう。あたたかいでしょう！

仕事 ➡（変化）摩擦熱

一方、図1-4のように摩擦がない場合は、仕事 W は、運動エネルギー E に変わります。

仕事 ➡（変化）運動エネルギー

つまり、形は一見違いますが、「仕事」と「熱」と「エネルギー」は、図1-5のように同じものです。

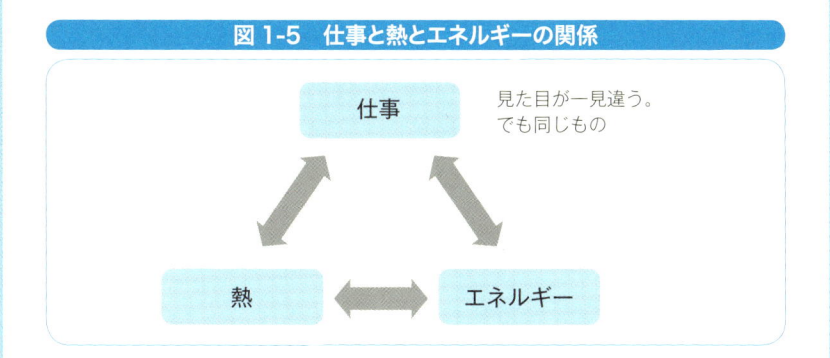

図 1-5 仕事と熱とエネルギーの関係

```
       仕事          見た目が一見違う。
      ↗  ↘           でも同じもの
    熱  ⇄  エネルギー
```

したがって、エネルギーや熱の単位も、仕事 W の単位と同じ J（ジュール）を使います。cal（カロリー）を使う場合も多いですが、7章以降にあるような複雑な熱力学の計算をするときには、J のほうが便利です。なお、J（ジュール）と cal（カロリー）の関係は、

$$1\,\mathrm{cal} = 4.19\,\mathrm{J} \tag{1-2}$$

です。

1-3 人は常に同じ力では押せません！

力の大きさが変化するとどうなる？

摩擦があるなしにかかわらず、今までは、図1-6のように、力 F が一定という場合でした。この場合、人が箱にした仕事 W は、式（1-1）の

$W = F \times L$、つまり「仕事は、力かける距離」

でした。これをグラフにすると図1-7のように、長方形の面積が仕事 W になります。

図1-6 力を変えない（一定）で箱を動かす

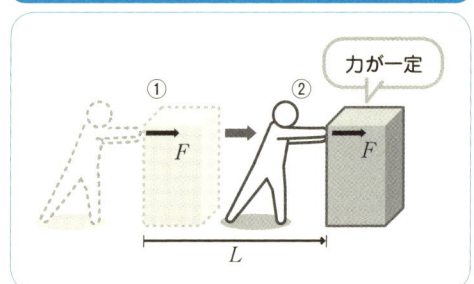

図1-7 仕事 W と面積の関係

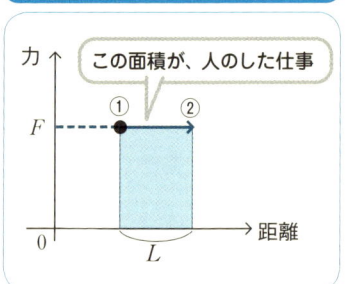

しかし、実際には、人の押す力は一定ということは絶対にありません。一例として、図1-8に力の様子を、図1-9にそのグラフを示しました。

図1-8 力を変えて箱を動かす

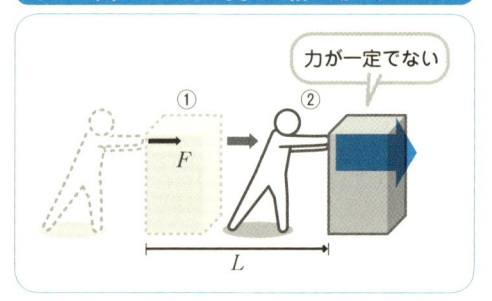

図1-9 人の押す力（力を変えた場合）

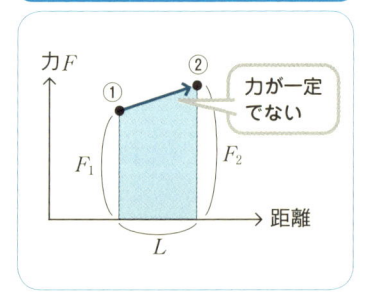

図1-9の場合も長方形の面積を求めれば、仕事Wを求めることができます。では、どうやって面積を求めますか？

図1-10のように横幅が小さな長方形に置き換え、その小さい長方形の面積を足すことで、面積（人のする仕事）を求めます。

図 1-10　長方形に置き換える

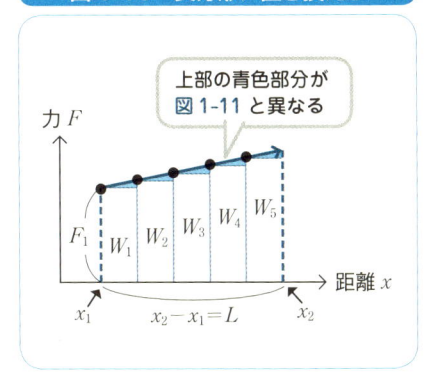

図 1-11　力を変えたときの仕事と面積

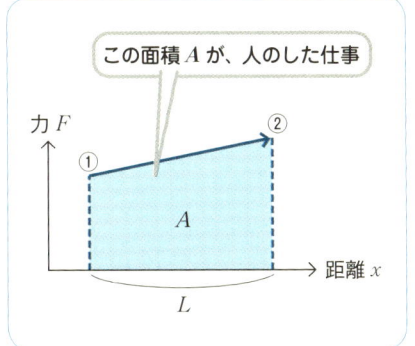

図1-10の小さい長方形の面積（W_1からW_5）を足しあわせた面積Wは、

$$\text{面積}\quad W = W_1 + W_2 + W_3 + W_4 + W_5 = \sum_{i=1}^{5} W_i \tag{1-3}$$

になります。ここで、式（1-3）の小さい長方形の和の面積Wと台形の面積Aとを比較すると、図1-10の小さい長方形の上にある青色部分の面積の分が異なることがわかります。図1-10の小さい長方形の面積W_1は、縦×横で求められますので、図1-12（a）から縦が力F_1、横幅が距離Δxですから、

$$W_1 = \text{縦} \times \text{横} = F_1 \times \Delta x$$

で表わされます。同じようにして、これを式（1-3）のW_2、W_3、W_4、W_5にもいれると、以下のようになります。

$$W = \overbrace{F_1 \times \Delta x}^{W_1} + \overbrace{F_2 \times \Delta x}^{W_2} + \overbrace{F_3 \times \Delta x}^{W_3} + \overbrace{F_4 \times \Delta x}^{W_4} + \overbrace{F_5 \times \Delta x}^{W_5}$$

$$= \sum_{i=1}^{5}(F_i \times \Delta x) \quad \text{←図1-11の面積}A\text{と異なる} \tag{1-4}$$

図 1-12　仕事と面積を計算しよう

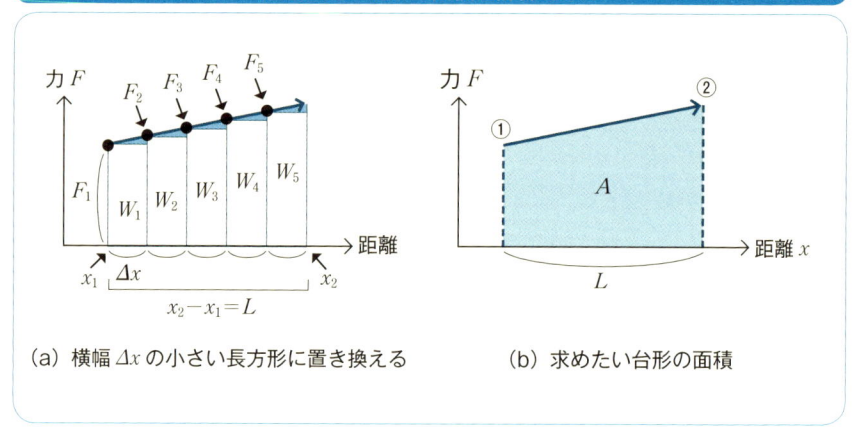

(a) 横幅 Δx の小さい長方形に置き換える
(b) 求めたい台形の面積

　式（1-4）で求めた面積 W は、図1-12（b）の台形の面積 A と比較すると、図1-12（a）の上部の青色部分だけ面積が異なります。では、どうしたら台形 A の面積と同じにできるでしょうか？

　長方形の幅を小さくしてみるとどうなるでしょう。図1-12（a）の長方形の幅をどんどん小さくしていって、無数の長方形にしたとき、上部の青色部分も小さくなり、やがて台形の面積と完全に同じになりますね。この考え方が積分です。これを式にすると次式になります。

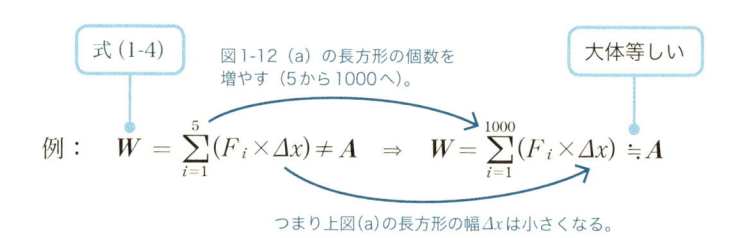

式（1-4） ── 図1-12（a）の長方形の個数を増やす（5から1000へ）。 ── 大体等しい

例：　$W = \sum_{i=1}^{5}(F_i \times \Delta x) \neq A \quad \Rightarrow \quad W = \sum_{i=1}^{1000}(F_i \times \Delta x) \fallingdotseq A$

つまり上図(a)の長方形の幅 Δx は小さくなる。

上図1-12（a）の長方形の幅をゼロに近く小さくすることで、長方形の個数 n を無限にする。　　完全に等しい　　求めたい台形の面積。

$$W = \sum_{i=1}^{n}(F_i \times \Delta x) \quad \Rightarrow \quad W = A \tag{1-5}$$

無数の長方形の面積。

この式（1-5）の考えを、式を使ってまとめると、

$$W = \underbrace{\int_{x_1}^{x_2} F dx}_{\text{積分}} = \text{求めたい台形の面積} A \tag{1-6}$$

と書きます。高校数学の教科書を思い出すと、積分は、

$$A = \int_{x_1}^{x_2} y dx \tag{1-7}$$

の式で出てきます。A は面積です。

　つまり、**「積分は、面積を求める道具」**なのです。

　したがって、人の箱にした仕事 W は、力が一定の場合、式（1-1）の

$$W = F \times L\text{、つまり「仕事は、力かける距離」}（力が一定のとき）$$

でしたが、力が一定でない場合の仕事は、面積を積分で求め、

$$\underset{\text{仕事}}{W} = \int_{x_1}^{x_2} \underset{\text{力}}{F} \underset{\text{距離}}{dx} = A \quad （力が一定でないとき） \tag{1-8}$$

で表わせます。

　ここで、**「仕事は、力 F と距離 x の積分」**と覚えましょう。

　次節では、複雑な形を扱う前に、台形の面積を使って積分を考えてみましょう。

1-4 この台形の面積を計算できますか？

　積分は、面積を求めるための道具です。ここでは積分を使って、以下の図1-13の台形の面積を求めてみましょう。

　台形の面積を求める式は、「（上底＋下底）×高さ÷2」ですね。

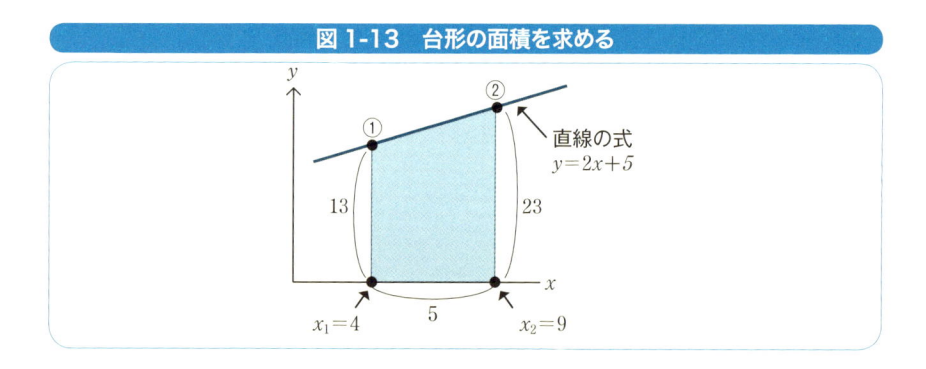

図1-13　台形の面積を求める

（図：直線の式 $y=2x+5$、$x_1=4$、$x_2=9$、左辺13、右辺23、底辺5の台形）

　したがって、図1-13の台形の面積は、

$$面積：A = \frac{（上底＋下底）\times 高さ}{2} = \frac{(13+23)\times 5}{2} = 90 \tag{1-9}$$

となります。

　次に、面積を求める道具である積分を使って、この台形の面積を求めてみましょう。

　上図から、直線の式は、$y=2x+5$で、$x_1=4$、$x_2=9$です。台形の面積を求めるための積分は、式（1-8）を使って、読みとった数を入れると、

$$面積：A = \int_{x_1}^{x_2} y\,dx = \int_{4}^{9}(2x+5)\,dx \tag{1-10}$$

（上図のx_2の値を代入　上図の直線の式 $y=2x+5$を代入　$x_2=9$　上図のx_1の値を代入　$x_1=4$）

です。この積分を計算すると、答えは90となり、式（1-9）の台形の面積

の公式で求めた値と同じになります。以下のところでは、実際にこの積分を確認しています。めんどうなら飛ばして、次の1-5節に進んでください。

● 面積を、積分で求めてみよう!

図1-13で直線①②の式は、$y=2x+5$です。面積を積分で求めるとき、次の式を使って計算をします。

$$\text{面積を求める式}:A=\int_{x_1}^{x_2}y\mathrm{d}x \tag{1-11}$$

この式に、図1-13から$y=2x+5$、$x_1=4$、$x_2=9$を代入すると、

$$A=\int_{x_1}^{x_2}y\mathrm{d}x = \int_{4}^{9}(2x+5)\mathrm{d}x = \int_{4}^{9}2x\mathrm{d}x+\int_{4}^{9}5\mathrm{d}x$$

$$=2\int_{4}^{9}x\mathrm{d}x+5\int_{4}^{9}1\mathrm{d}x=2\int_{4}^{9}x^1\mathrm{d}x+5\int_{4}^{9}x^0\mathrm{d}x \tag{1-12}$$

（係数を前へ出す）　　　　第1項　　第2項

となります。この式（1-12）の値を求めるために、次の積分公式を使います。

$$\boxed{\text{積分公式1}:\int x^n\mathrm{d}x=\frac{x^{n+1}}{n+1}} \tag{1-13}$$

式（1-12）の場合、公式（1-13）のx^nのnが、$n=1$と$n=0$の場合となります。

積分公式の式（1-13）のnが$n=1$の場合、

式（1-13）より $\int x^n\mathrm{d}x=\frac{x^{n+1}}{n+1} \xrightarrow{n=1} \int x^1\mathrm{d}x=\frac{x^{1+1}}{1+1}=\frac{x^2}{2}$ (1-14)

一方、式（1-13）のnが$n=0$の場合は、

式（1-13）より $\int x^n\mathrm{d}x=\frac{x^{n+1}}{n+1} \xrightarrow{n=0} \int x^0\mathrm{d}x=\frac{x^{0+1}}{0+1}=\frac{x^1}{1}$ (1-15)

です。したがって、式 (1-12) の第1項 $\int_4^9 x^1 dx$ の積分は、式 (1-14) から

$$\int_4^9 x^1 dx = \left[\frac{x^2}{2}\right]_4^9 = \left(\frac{9^2}{2}\right) - \left(\frac{4^2}{2}\right) = 32.5 \tag{1-16}$$

となります。一方、式 (1-12) の第2項 $\int_4^9 x^0 dx$ の積分は、式 (1-15) の $\int x^0 dx = \frac{x^1}{1}$ から

$$\int_4^9 x^0 dx = \left[\frac{x^1}{1}\right]_4^9 = \left(\frac{9^1}{1}\right) - \left(\frac{4^1}{1}\right) = 5 \tag{1-17}$$

したがって、式 (1-12) の積分は、

$$A = 2\int_4^9 x^1 dx + 5\int_4^9 x^0 dx = 2 \times 32.5 + 5 \times 5 = 90 \tag{1-18}$$

となり、積分で求めた値は、次式の台形の面積の公式の値と同じになります。

$$A = \frac{(上底 + 下底) \times 高さ}{2} = \frac{(13 + 23) \times 5}{2} = 90 \tag{1-19}$$

1-5 いろいろな力で仕事をしよう!

力の強さが変化していく場合は?

Q 箱にかかる力が、図1-14のように曲線だったら、人の仕事はどうなるの?

図1-14 力が変わる場合の仕事

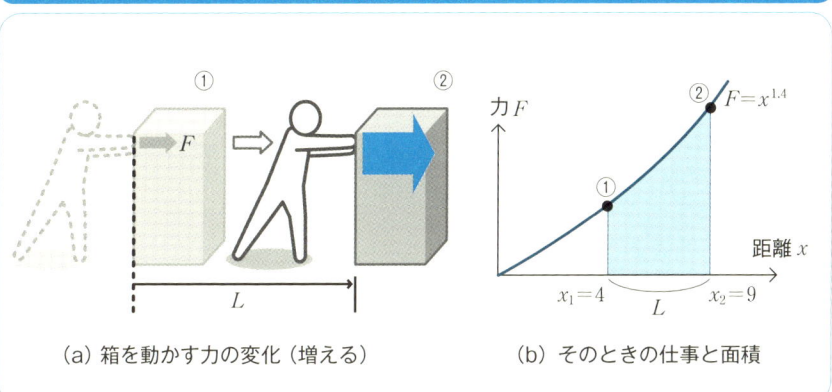

(a) 箱を動かす力の変化(増える)　　(b) そのときの仕事と面積

A 力が**曲線的に**変化する場合の人の仕事も、上図(b)の斜線部の面積を求めます。

お助け解説

たとえば、$F=x^{1.4}$ のように力が曲線的に変化する場合にも、下の積分公式が使えます。

式(1-13)より　　積分公式1:$\int x^n dx = \dfrac{x^{n+1}}{n+1}$ 　　(1-20)

高校では、積分公式の x^n の n は、1や2といった整数でしたが、1.4

のような小数でも積分公式は使えます。

　図1-14（a）の人のする仕事も、式（1-8）の $W=\int_{x_1}^{x_2} F\mathrm{d}x$、つまり、**「仕事は、力と距離の積分」**で求まりますが、図1-14（b）の場合、$F=x^{1.4}$ で $n=1.4$ なので計算は、以下のようになります。

図1-14より、$F=x^{1.4}$　　式（1-13）の積分公式1を使う

$$W=\int_{x_1}^{x_2} F\mathrm{d}x = \int_{x_1}^{x_2} x^{1.4}\mathrm{d}x = \left[\frac{x^{1.4+1}}{1.4+1}\right]_{x_1}^{x_2} = \left(\frac{x_2^{2.4}}{2.4}\right) - \left(\frac{x_1^{2.4}}{2.4}\right) \quad (1\text{-}21)$$

上図1-14（b）の場合、$x_1=4$、$x_2=9$ なので、仕事を求めると、

$$W=\int_{x_1}^{x_2} F\mathrm{d}x = \int_{4}^{9} x^{1.4}\mathrm{d}x = \left[\frac{x^{1.4+1}}{1.4+1}\right]_{4}^{9} = \left(\frac{9^{2.4}}{2.4}\right) - \left(\frac{4^{2.4}}{2.4}\right) \quad (1\text{-}22)$$

を計算する必要があります。つまり $9^{2.4}$ や $4^{2.4}$ を求めなければなりません。

式（1-22）の答えは

$$W=\int_{x_1}^{x_2} F\mathrm{d}x = \int_{4}^{9} x^{1.4}\mathrm{d}x = \left(\frac{9^{2.4}}{2.4}\right) - \left(\frac{4^{2.4}}{2.4}\right) = 69.67 \quad (1\text{-}23)$$

となります。この式の値を実際に求めるためには、関数つき電卓やパソコンが必要です。次の計算を実際にやって、計算のしかたを覚えましょう。

計算問題

Q $5^{-1.4}$を計算できますか？

解説 $5^{-1.4}$の答えは、0.105061 ですが、複雑な計算を行う場合には、次のような答えがわかっている簡単な計算を先ずやってみましょう。

$$2^{-1} = \frac{1}{2} = 0.5$$

方法1 関数つき電卓を使って計算してみよう。

① 「2」を入力。

CASIO FX-350

② 「べき乗計算」キーを押す。

電卓によっては、「べき乗計算」キーは異なります。

③ 「2^{-1}」の「マイナス」キーを押し、「2^{-1}」の「1」を入力

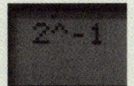

∧ の電卓では、表示はこのようになります

④ 分数表示だったら S⇔D を押す。

1-5 いろいろな力で仕事をしよう！

方法2 Microsoft Windows のアクセサリの電卓を使ってみましょう。

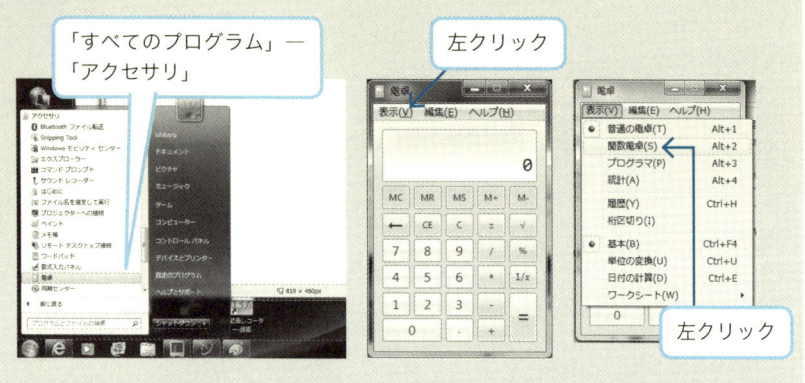

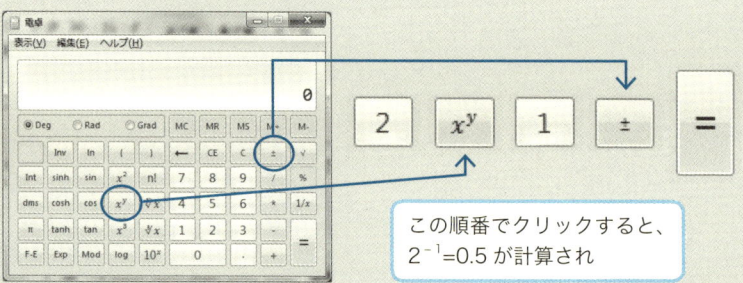

「すべてのプログラム」－「アクセサリ」

左クリック

左クリック

この順番でクリックすると、$2^{-1}=0.5$ が計算され

方法3 スマートフォン（iPhone）で計算してみよう。

「2」「y^x」「1」「+/-」「=」を押し、2^{-1} を計算する。

iPhone 本体を回転させると関数つき電卓に代わる。

1-6 反比例が熱力学では大切です！

図1-15（a）は、xの増加につれて、yが増えます。このときxとyの関係は、$y=kx$となって、yはxに比例するといいます。

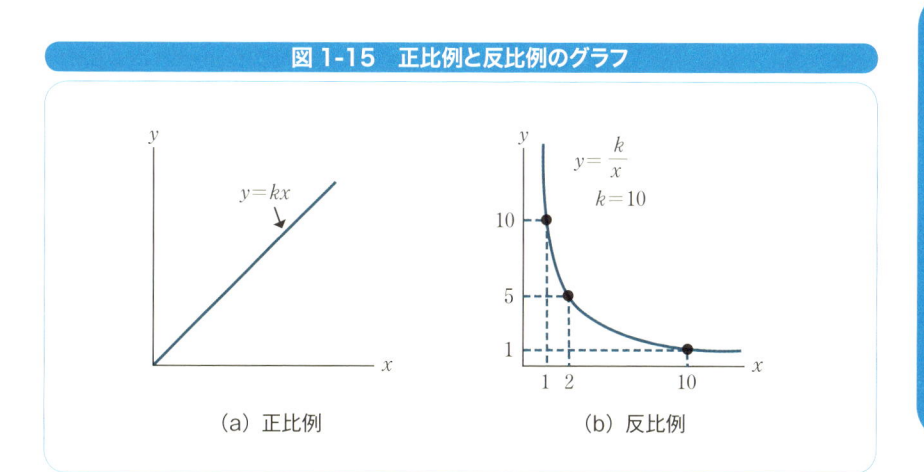

図1-15　正比例と反比例のグラフ

（a）正比例

（b）反比例

一方図1-15（b）は、$k=10$の場合の $y=\dfrac{k}{x}$ のグラフです。xの増加につれて、yが減少します。これをyはxに反比例するといいます。この反比例の関係が、熱力学では大切です。6章でよく出てきますが、6章に進む前に、人の押す力が、反比例の場合を考えましょう。

Q 箱にかかる力が、図1-16（b）のような反比例曲線だったら、人の仕事はどうなるの？

図1-16 人のした仕事（力が減る場合）

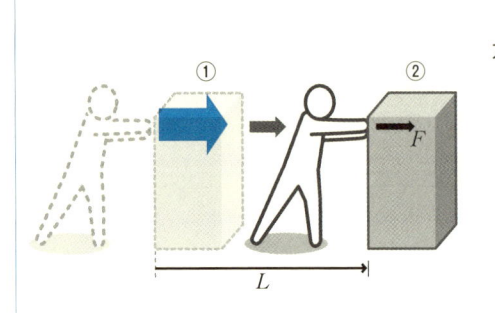

（a）箱を動かす力の変化（減る）

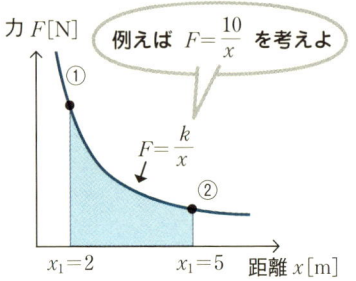

（b）そのときの仕事と面積

例えば $F=\dfrac{10}{x}$ を考えよ

人の仕事は、積分を使って、図1-16（b）の青色部の面積を求めればいいです。

お助け解説

図1-16（b）の青色部の面積を求めるには積分を使って

図1-16（b）より、面積の式（1-8）に $F=\dfrac{k}{x}$ を代入

$\dfrac{1}{x} = x^{-1}$

$$A = \int_{x_1}^{x_2} F \, dx = \int_{x_1}^{x_2} \dfrac{k}{x} \, dx = k \int_{x_1}^{x_2} \dfrac{1}{x} \, dx = k \int_{x_1}^{x_2} x^{-1} \, dx \quad (1\text{-}24)$$

となります。この上式の積分は、

式（1-13） 積分公式1： $\int x^n \, dx = \dfrac{x^{n+1}}{n+1}$

では求まりません。なぜなら、式（1-24）の場合、x^n の n は -1 なので、積分公式1は、$\dfrac{x^{-1+1}}{0}$ となり、分母がゼロになって使えません。

> **つまづき注意!**
>
> 分母がゼロとはどういう意味でしょうか。例えば、次のように分母を0.1から小さくしてみましょう。
>
> $$\frac{1}{0.1} = 10、\quad \frac{1}{0.000001} = 100000、$$
>
> $$\frac{1}{0} = 10000000\cdots = \infty \text{(無限大)}$$
>
> このように分母の数が小さくなると大きい数になります。つまり、分母がゼロだと、無限大(∞)になってしまいます。

そこで、積分公式2の登場です。

$$\boxed{\text{積分公式2}：\int \frac{1}{x}dx = \int x^{-1}dx = \ln x} \tag{1-25}$$

この式の「ln」は、対数、つまり「ログ」のことで、高校数学の教科書では、「$\log_e$」と書いた自然対数です。電卓や表計算ソフト「Excel」等の多くは、「$\log_e$」を意味する記号に「ln」を使っていますので、本書でも「$\log_e$」を「ln」で表わします。なお、「$\log_e$」の底のeは、e＝2.7182……です。

したがって、図1-16（b）の青色部の面積は、$\frac{10}{x}$、$x_1=2$、$x_2=5$を代入して、積分公式2（1-25）を使って計算します。

> 図1-16（b）より、$F = \frac{10}{x}$ を代入

> 計算の仕方は、次ページ

$$\begin{aligned}
W &= \int_{x_1}^{x_2} F dx = \int_{x_1=2}^{x_2=5} \frac{10}{x}dx = 10\int_2^5 x^{-1}dx \\
&= 10\times[\ln x]_2^5 = 10\times[\ln 5 - \ln 2] \\
&= 10[1.609 - 0.693] = 0.916
\end{aligned} \tag{1-26}$$

気体の体積変化を求める問題やCO_2の液化問題、ロケットの炎の温度を求める問題には、上式（1-26）の計算が必要です。なお、本章では、人が箱を動かす仕事をしましたが、次章では、機械に仕事をさせることを考えましょう。

計算問題

Q $\log_e 2$ を計算できますか？

解説 答えは、0.693です。もし、答えが0.301だったら、あなたは、電卓の log キーを押しました。 ln キーを使わなければなりません。

高校数学の教科書では、「log」の意味は、「$\log_e$」「ln」になりますが、電卓やExcelの「log」は、**常用対数**「$\log_{10}$」の意味になります。

Q 上式（1-26）の $10 \times [\ln 5 - \ln 2]$ を計算できますか？

解説 答えは、0.916です。もし、間違いだったら、電卓の使い方を復習しましょう。ただし、対数の公式に、

$$\ln x_2 - \ln x_1 = \ln\left(\frac{x_2}{x_1}\right) \tag{1-27}$$

がありますので、式（1-26）の $[\ln 5 - \ln 2]$ の場合、

$$10 \times [\ln 5 - \ln 2] = 10 \times \ln\left(\frac{5}{2}\right) = 10 \times \ln(2.5)$$

となり、$\ln(2.5)$ を計算しても答えは同じです。この式（1-27）のlogの公式は、6章で使います。

第2章
圧縮空気で仕事をしよう！
圧力と体積

人が仕事をするのは大変です。人の代わりに、シリンダーとピストンを使って、大きな仕事をすることを考えましょう。

2-1 圧力と力

　図2-1（a）のように人の行う仕事を、図2-1（b）のようにシリンダーとピストンを使って行います。シリンダーの中の圧力が高いと、箱にピストンは力を与え、箱が動き、ピストンは仕事をします。これがエンジンの原理です。

　シリンダーとピストンは、図2-1（b）のように円柱で、その断面は円です。その円の面積、つまりシリンダーの断面積をAとすると、Aは次式(2-1) で求まります。

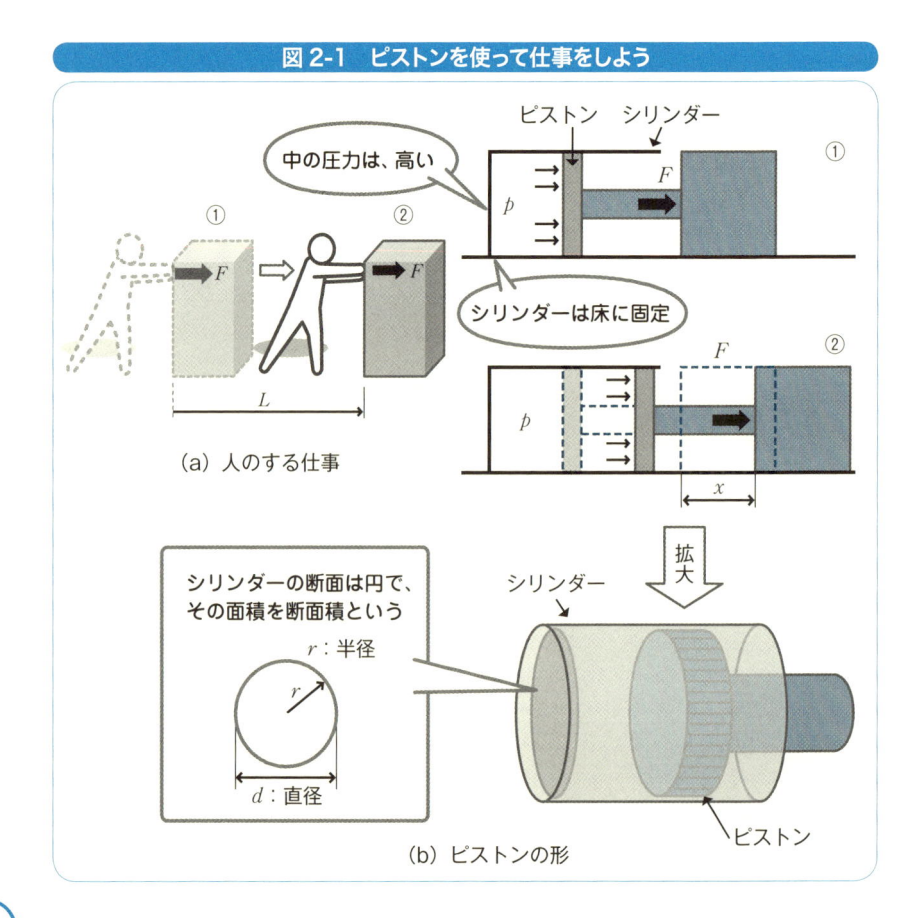

図2-1　ピストンを使って仕事をしよう

(a) 人のする仕事

(b) ピストンの形

図2-1のシリンダーの断面積は、円の面積 πr^2 (半径 r、直径 d)

$$A = \pi r^2 = \frac{\pi d^2}{4} \tag{2-1}$$

シリンダー内の圧力は、図2-2のように、中の気体の分子が、ピストンに衝突して生まれます。したがって、図のように、中の圧力が同じ場合、断面積が大きくなれば、ピストンの力は、断面積に比例して大きくなります。

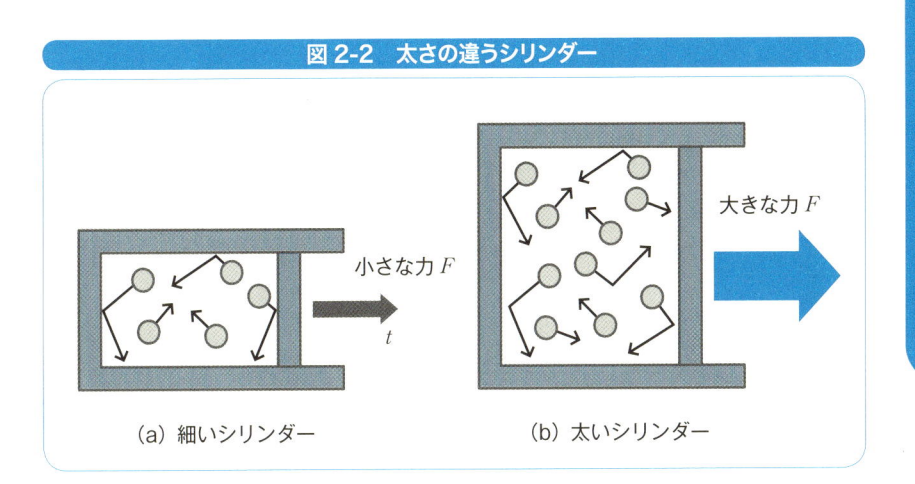

図 2-2　太さの違うシリンダー

(a) 細いシリンダー　小さな力 F

(b) 太いシリンダー　大きな力 F

つまり、シリンダー内の圧力を p とすると、力 F は、次式となります。

力[N]、圧力、面積[m²]

$$F = p \times A \tag{2-2}$$

上式（2-2）は次式（2-3）に書き換えられます。力 F の単位は、N（ニュートン）で、面積 A の単位は、m² ですので、

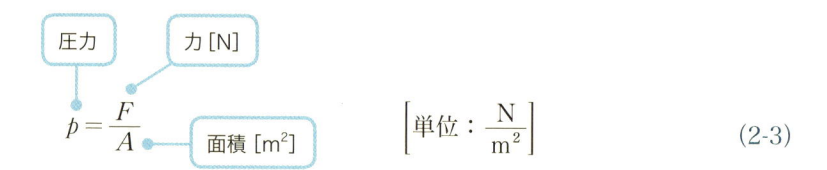

$$p = \frac{F}{A} \qquad \left[単位 : \frac{\text{N}}{\text{m}^2} \right] \tag{2-3}$$

- p: 圧力
- F: 力 [N]
- A: 面積 [m²]

圧力の単位は、$\dfrac{\text{N}}{\text{m}^2}$ となります。この圧力の単位を Pa（パスカル）と表わします。したがって、この圧力の単位 は、

$$\text{Pa} = \frac{\text{N}}{\text{m}^2} \tag{2-4}$$

です。圧力単位パスカルも人の名前からきた単位です。

2-2 圧力を測る
～絶対圧とゲージ圧

圧力は、図2-3のような圧力計で測りますが、圧力 0 (ゼロ)が、何を意味するかで、2種類の圧力の種類があります。圧力 0 (ゼロ)が、真空を意味する場合、その圧力を**絶対圧**と呼びます。

一方、圧力 0 (ゼロ)が、大気の圧力（大気圧）を意味する場合、その圧力を、**ゲージ圧**といいます。**ゲージ**とは、図2-3のような圧力計のことです。この圧力計の目盛 0 (ゼロ)は、真空を意味しているわけではなく、測定点の圧力が大気の圧力（大気圧）と等しいという意味になります。

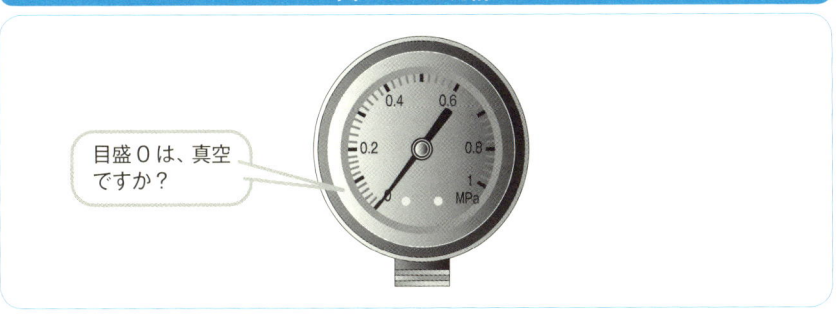

図2-3 圧力計

目盛0は、真空ですか？

大気の圧力（大気圧）は、図2-4の天気図のように時間や場所で変化しますが、平均的な大気の圧力（標準大気圧）は、101.3kPa（キロパスカル）です。このkPaのk（キロ）は補助単位で、1000を意味します。つまり、

$$101.3\text{kPa} = 101.3 \times 1000\text{Pa} = 101.3 \times 10^3 \text{Pa}$$

です。

図2-4のような天気図の高気圧や低気圧に使われる圧力（大気圧）は、**絶対圧**です。天気図の圧力の単位はhPa（ヘクトパスカル）で、1013hPa（ヘクトパスカル）が大気の標準圧力（標準大気圧）です。hPaのh（ヘクト）は補助単位で、100を意味しますので、1013hPa（ヘクトパスカル）＝1013×100Paです。したがって、下の天気図の低気圧996hPaは、標準大気圧（1013hPa）よりも圧力が低いことがわかります。

図 2-4　天気図

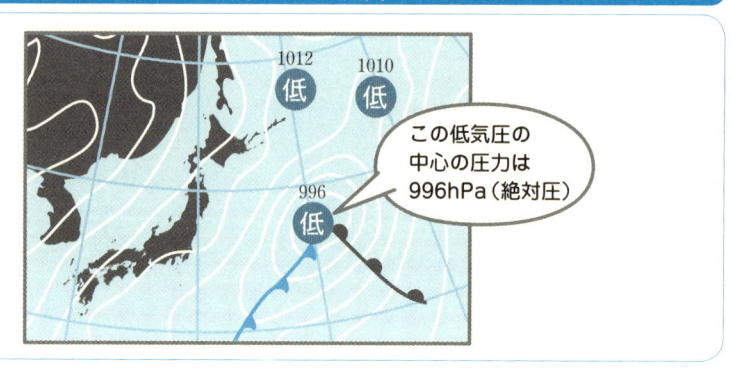

　一方、絶対圧と同様に、ゲージ圧も無意識に使っています。例えば、車の運転席のドア近くには、図2-5にあるようなタイヤの空気圧の表示があります。この表示は、ゲージ圧です。空気圧が、絶対圧かゲージ圧なのか勘違いすると、タイヤが変形して事故にもつながります。

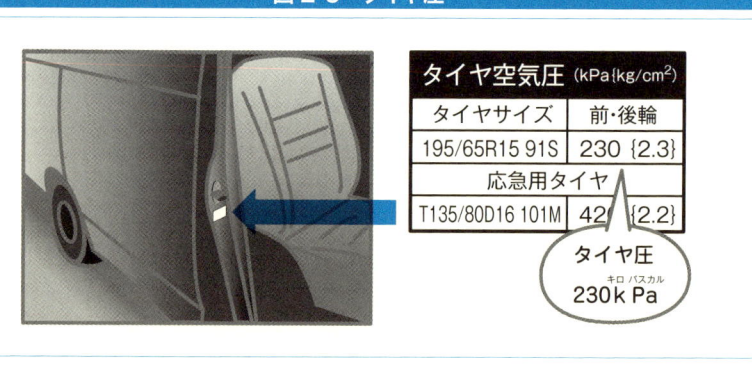

図 2-5　タイヤ圧

　絶対圧をp、ゲージ圧をp_g、大気圧をp_0とすると、それぞれの圧力の関係は、

$$p = p_g + p_0 \qquad [単位：Pa] \qquad (2\text{-}5)$$

となります。

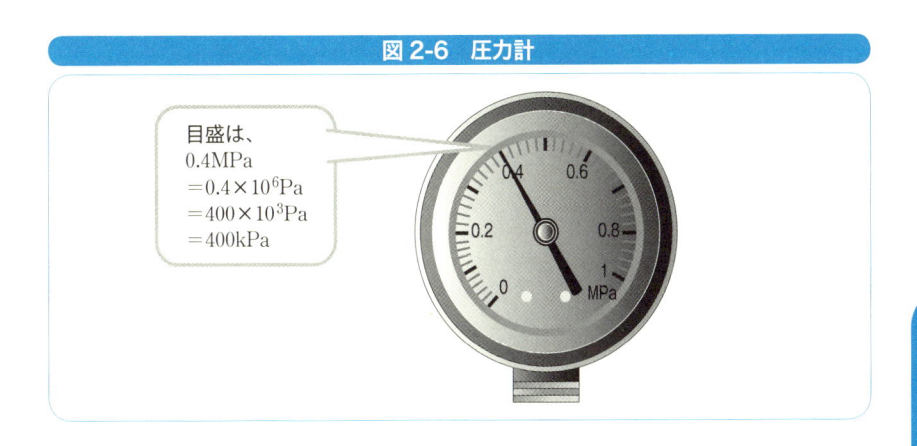

例えば、図2-6の圧力計では、0.4MPa（メガパスカル）（400kPa）を示していますが

図 2-6　圧力計

目盛は、
0.4MPa
$= 0.4 \times 10^6 \text{Pa}$
$= 400 \times 10^3 \text{Pa}$
$= 400 \text{kPa}$

大気圧が101kPaの場合、圧力は、絶対圧では

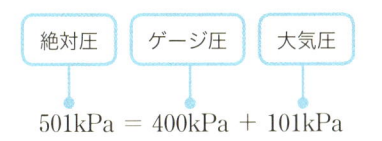

　　絶対圧　　　ゲージ圧　　大気圧
　　501kPa　＝　400kPa　＋　101kPa

となります。したがって、式(2-5)の両辺から、大気圧p_0を引いて、

　ゲージ圧　絶対圧　大気圧
$$p_g = p - p_0 \quad [単位：\text{Pa}] \tag{2-6}$$

とも書けます。

Q 圧力−10kPaは、世の中に存在しますか？

A もし、−10kPaの圧力が、絶対圧なら、真空は、0Pa（絶対圧）ですから。それより低い圧力はありません。つまり、−10kPa（絶対圧）の圧力はありません。しかし、圧力−10kPaがゲージ圧なら、−10kPaは、存在します。大気圧が、101kPaのとき、−10kPa（ゲージ圧）は、式（2-5）から、91kPa（絶対圧）（＝−10＋101）になります。

> **つまづき注意!** 世の中では、圧力を、絶対圧で示す場合も、ゲージ圧で示す場合もあって混乱しますが、**熱力学では、特に注意書きのある場合を除き、圧力は絶対圧と考えてください。**

2-3 圧力で仕事

● 圧力が一定のときの仕事を求める

図2-7のように圧力 p が一定のときは、箱にかかる力が一定になります。その際、ピストンのした仕事 W は、式（1-1）の**仕事 W ＝力 F ×距離 L** で求まります。

図2-7　ピストンの行う仕事

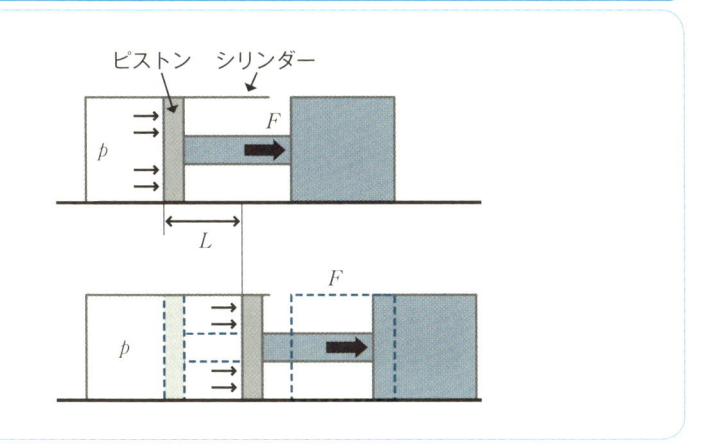

しかし、図2-8（a）と（b）のようにシリンダーの外側が真空の場合と大気圧の場合では、箱にかかる力 F の値が異なりますので注意が必要です。

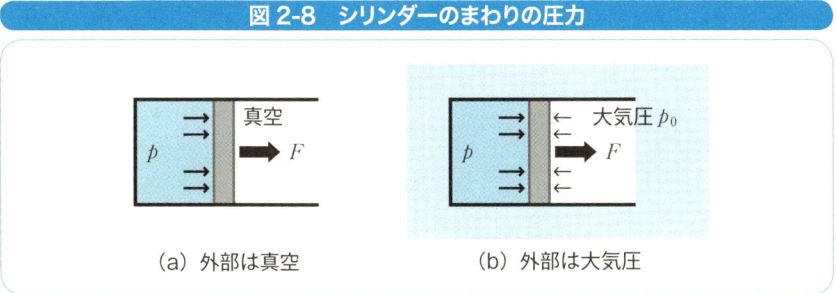

図2-8　シリンダーのまわりの圧力

（a）外部は真空　　　（b）外部は大気圧

図2-8(a)のようにシリンダー内の圧力p[Pa]で、シリンダーの外側が真空の場合、ピストンとシリンダーの間に摩擦がなければ、式(2-2)より

式(2-2)より　$F = p \times A$　　　　　　　　　　　(2-7)

（力[N]、圧力[Pa]、面積[m²]）

です。一方、図2-8(b)のように、大気のあるところでは、

$F = (p - p_0) \times A$　　　　　　　　　　　(2-8)

（力[N]、圧力[Pa]、大気圧[Pa]、面積[m²]）

になります。

お助け解説

熱力学では、原理を明確にするために、特にことわりのある場合を除き、圧力は絶対圧、シリンダー外部は真空と考えてください。

図2-9のようにピストンのした仕事は、圧力pが一定の場合、ピストンのする**仕事W**は、式(1-1)の**仕事W=力F×距離L**より、次式になります。

$$W = F \times L = \underbrace{p \times A}_{\text{力}F\ [式(2-7)]} \times L \quad (2-9)$$

図2-9　ピストンの行う仕事（圧力が一定）

① $V_1 = 7\text{m}^3$

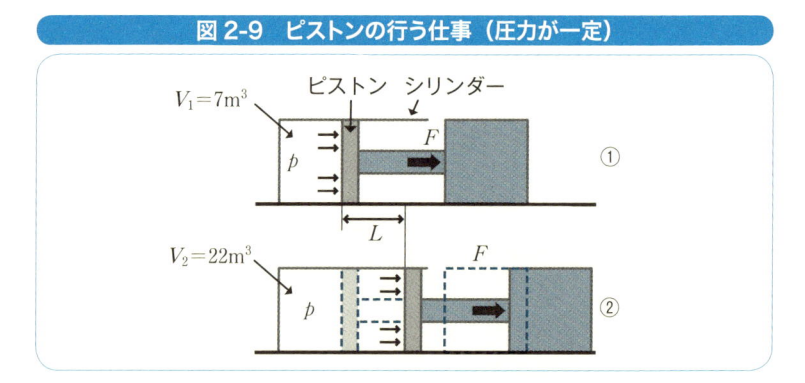

② $V_2 = 22\text{m}^3$

図2-9のように、気体の最初の体積をV_1（例えば、$7m^3$）とし、箱を押した後の気体の体積をV_2（例えば、$22m^3$）とすると、気体の増えた体積は、$15m^3$（$=V_2-V_1=22-7$）になります。増えた気体の体積をΔVとして、これを式にすると、

$$\Delta V = V_2 - V_1 \quad (2\text{-}10)$$

増えた体積[$15m^3$]　最後の体積[$22m^3$]　最初の体積[$7m^3$]

Δは、変化量を表わす記号です。
（ギリシャ文字の読み方は、巻末の付表1にまとめて示してあります）

一方、シリンダー内の気体の体積の増えた部分は、図2-10のように、底面積Aで高さLの円柱で表わせます。

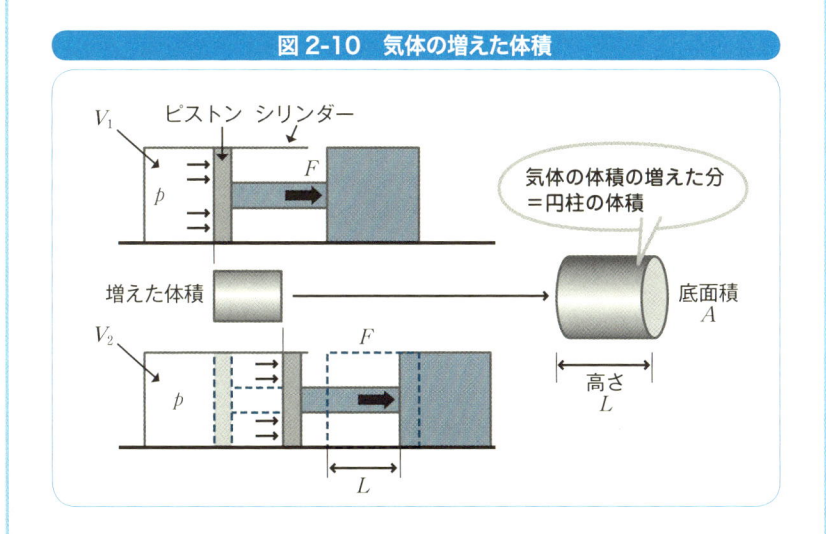

図 2-10　気体の増えた体積

その円柱の体積は、「底面積×高さ」ですので、$A \times L$となり、気体の増えた体積ΔVは、前式（2-10）と組み合わせると、次式になります。

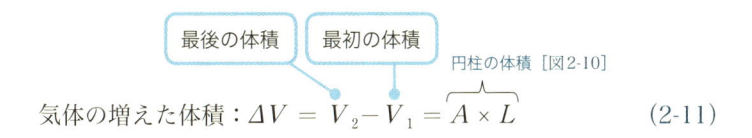

$$気体の増えた体積：\Delta V = V_2 - V_1 = A \times L \quad (2\text{-}11)$$

最後の体積　最初の体積　円柱の体積［図2-10］

2-3　圧力で仕事

したがって、前式 (2-9) より、

$$W = F \times L = \underbrace{p \times A}_{\text{式 (2-7) 力} F} \times L = p \times \overbrace{A \times L}^{\text{円柱の体積} \Delta V} \tag{2-12}$$

この右辺 ($A \times L$) に、上式 (2-11) を使うと

$$W = p \times A \times L = p \times \overbrace{(V_2 - V_1)}^{\text{式 (2-11)}\; A \times L = V_2 - V_1 = \Delta V} = p \times \Delta V \tag{2-13}$$

と書けます。ここで、縦軸を圧力 p、横軸を体積 V で図に描くと、上式は、図2-11で表わせます。仕事 W は、式 (2-13) の青色の面積と等しい値になります。

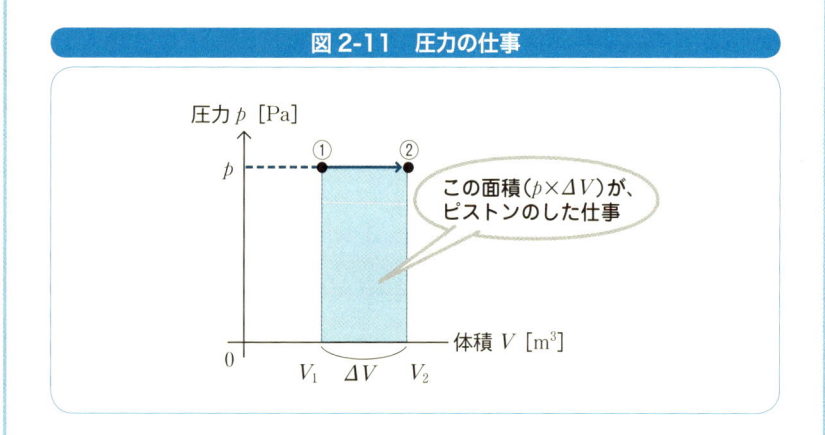

図2-11　圧力の仕事

この面積 ($p \times \Delta V$) が、ピストンのした仕事

計算問題

Q 下図で、圧力 $p=30\mathrm{Pa}$、最初の体積 $V_1=7\mathrm{m}^3$、$L=5\mathrm{m}$、$A=3\mathrm{m}^2$ のとき、シリンダー内の気体の体積の増加量 ΔV を求めてみましょう。また、そのときの気体の体積を求めてみましょう。

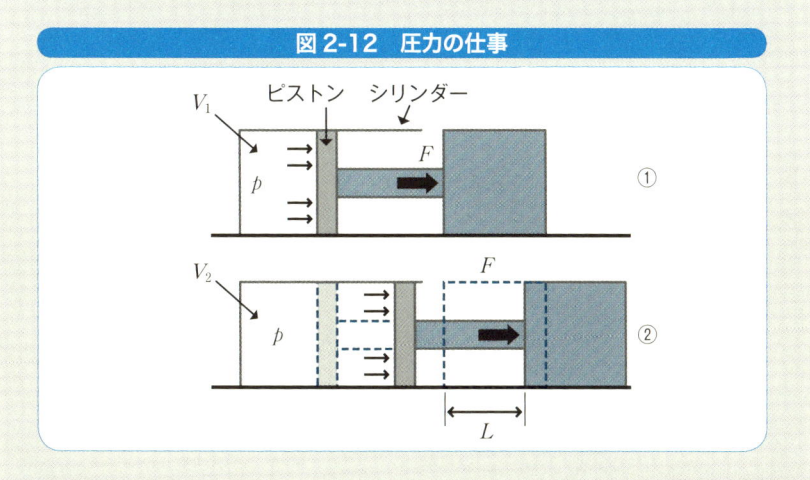

図2-12 圧力の仕事

解説 式（2-11）より

$$\Delta V = A \times L = 3\mathrm{m}^2 \times 5\mathrm{m} = 15\mathrm{m}^3$$
$$V_2 = V_1 + \Delta V = 7\mathrm{m}^3 + 15\mathrm{m}^3 = 22\mathrm{m}^3$$

Q 図2-12で、箱にかかる力 F を求めてみましょう。また、上図の変化をグラフに表わしてみましょう。

解説 式（2-2）より

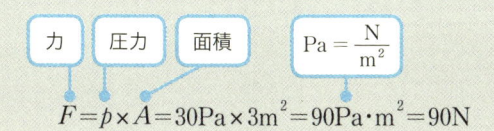

力　圧力　面積　　　$\mathrm{Pa} = \dfrac{\mathrm{N}}{\mathrm{m}^2}$

$$F = p \times A = 30\mathrm{Pa} \times 3\mathrm{m}^2 = 90\mathrm{Pa}\cdot\mathrm{m}^2 = 90\mathrm{N}$$

したがって、グラフに描くと、図2-13になります。

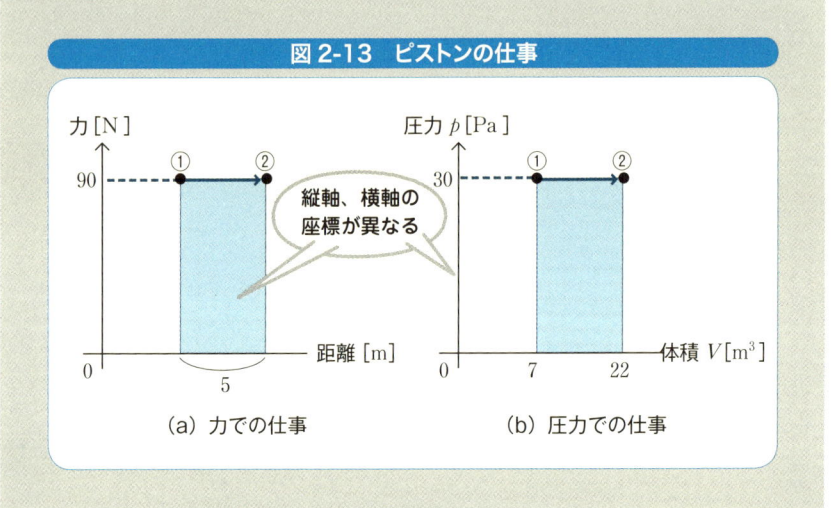

図2-13 ピストンの仕事

(a) 力での仕事

縦軸、横軸の座標が異なる

(b) 圧力での仕事

お助け解説

図2-13の仕事Wの値は、次式のように、どちらの結果も同じです。ただし、図2-13 (b) をpV線図といって、ピストンの仕事を考えるときに、熱力学では頻繁に使います。図2-13 (b) のpV線図を使う理由は、箱にかかる力を測定するよりも、シリンダー内の圧力が、圧力計で簡単に測定できるためです。

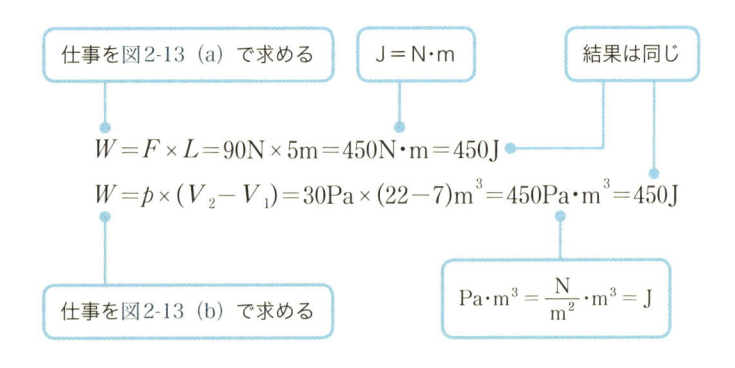

仕事を図2-13 (a) で求める　　J＝N・m　　結果は同じ

$$W = F \times L = 90\text{N} \times 5\text{m} = 450\text{N}\cdot\text{m} = 450\text{J}$$

$$W = p \times (V_2 - V_1) = 30\text{Pa} \times (22-7)\text{m}^3 = 450\text{Pa}\cdot\text{m}^3 = 450\text{J}$$

仕事を図2-13 (b) で求める

$$\text{Pa}\cdot\text{m}^3 = \frac{\text{N}}{\text{m}^2}\cdot\text{m}^3 = \text{J}$$

圧力が一定でないときの仕事を求める

図2-14（a）のように圧力が一定でない場合は、ピストンの行った仕事を求めるために、1-3節、図1-8の力の場合と同じ方法を使います。

図2-14　圧力が変わる場合のピストンの仕事

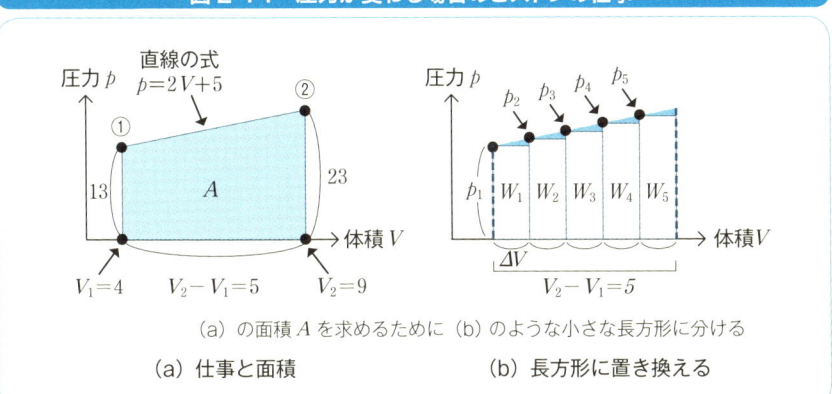

(a) 仕事と面積　　　(b) 長方形に置き換える

(a) の面積 A を求めるために (b) のような小さな長方形に分ける

図2-14（b）の小さい長方形を足すと、面積 A は、

$$A = W_1 + W_2 + W_3 + W_3 + W_4 + W_5 = \sum_{i=1}^{5} W_i \tag{2-15}$$

↑
第1項

上式の右辺第1項 W_1 は、図の小さい長方形の面積ですので、$p_1 \times \Delta V$ で表わせます。すると式2-15は、

$$A = \overbrace{p_1 \times \Delta V}^{W_1} + \overbrace{p_2 \times \Delta V}^{W_2} + \overbrace{p_3 \times \Delta V}^{W_3} + \overbrace{p_4 \times \Delta V}^{W_4} + \overbrace{p_5 \times \Delta V}^{W_5}$$

$$= \sum_{i=1}^{5} p_i \times \Delta V \tag{2-16}$$

となります。この和は、図2-14（a）の台形の面積とは、異なりますが、図2-14（b）の長方形の幅を小さくして、無数の長方形にしたとき、1-3節の説明のように、人のする仕事は図2-14（a）の青色の面積と同じにな

ります。この考えが、次式に示す積分です。

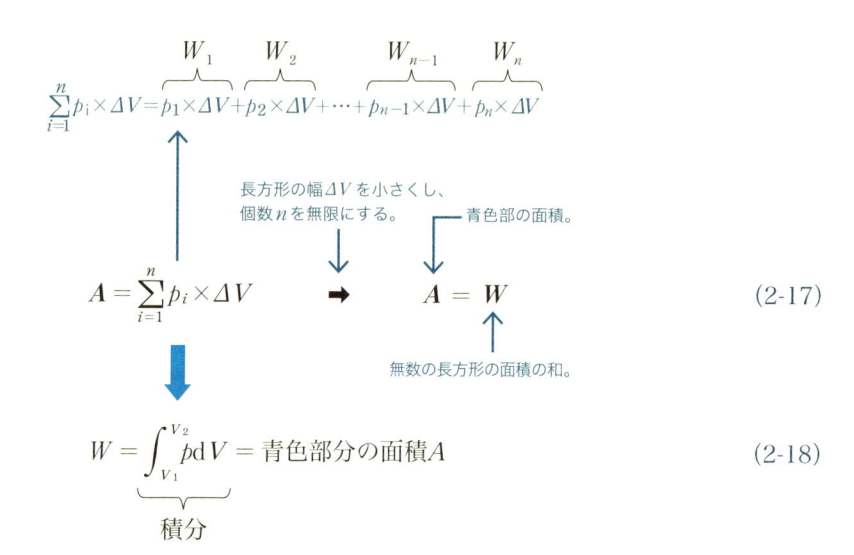

$$\sum_{i=1}^{n} p_i \times \Delta V = \overbrace{p_1 \times \Delta V}^{W_1} + \overbrace{p_2 \times \Delta V}^{W_2} + \cdots + \overbrace{p_{n-1} \times \Delta V}^{W_{n-1}} + \overbrace{p_n \times \Delta V}^{W_n}$$

長方形の幅 ΔV を小さくし、個数 n を無限にする。　　青色部の面積。

$$A = \sum_{i=1}^{n} p_i \times \Delta V \quad \Rightarrow \quad A = W \tag{2-17}$$

無数の長方形の面積の和。

$$W = \underbrace{\int_{V_1}^{V_2} p \, dV}_{\text{積分}} = 青色部分の面積 A \tag{2-18}$$

　式 (2-18) の積分は、図2-15 (a) のグラフの y 軸と x 軸が、図2-15 (b) のように p 軸と V 軸に変わったもので、1-3節で台形の面積を求めたやり方と同じです。図から $p=2V+5$、$V_1=4$、$V_2=9$ を代入すると、

図2-15　圧力が変わる場合のピストンの仕事

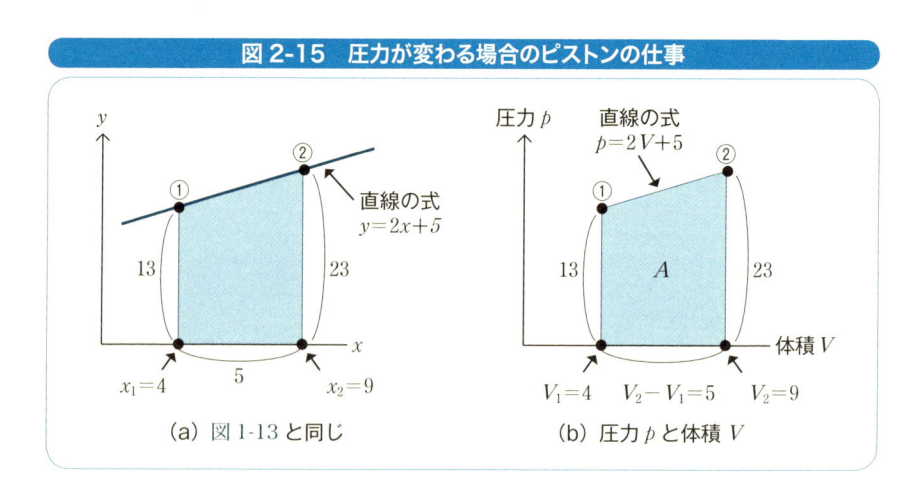

(a) 図1-13と同じ　　直線の式 $y=2x+5$、$x_1=4$、$x_2=9$、13、23、5

(b) 圧力 p と体積 V　　直線の式 $p=2V+5$、$V_1=4$、$V_2-V_1=5$、$V_2=9$、13、23、A

$$W = \int_{V_1}^{V_2} p\,dV = \int_4^9 (2V+5)\,dV = 2\int_4^9 V\,dV + 5\int_4^9 1\,dV$$

（$V_2=9$、$p=2V+5$、$V_1=4$）

$$= 2\int_4^9 V^1\,dV + 5\int_4^9 V^0\,dV = 2\left[\frac{V^2}{2}\right]_4^9 + 5\left[\frac{V^1}{1}\right]_4^9$$

$$= 2\left[\left(\frac{9^2}{2}\right)-\left(\frac{4^2}{2}\right)\right] + 5\left[\left(\frac{9^1}{1}\right)-\left(\frac{4^1}{1}\right)\right]$$

$$= 2\times 32.5 + 5\times 5 = 90 \tag{2-19}$$

つまり、図2-16のように力や圧力が一定でない場合、仕事 W は、図中の式（2-20）の積分式を使って求めることになります。

熱力学の応用では、エンジンの馬力を求める場合があります。効率よいエンジンを作るためにも、$\int_{V_1}^{V_2} p\,dV$ の積分や図2-16 (b) の pV 線図に慣れる必要があります。

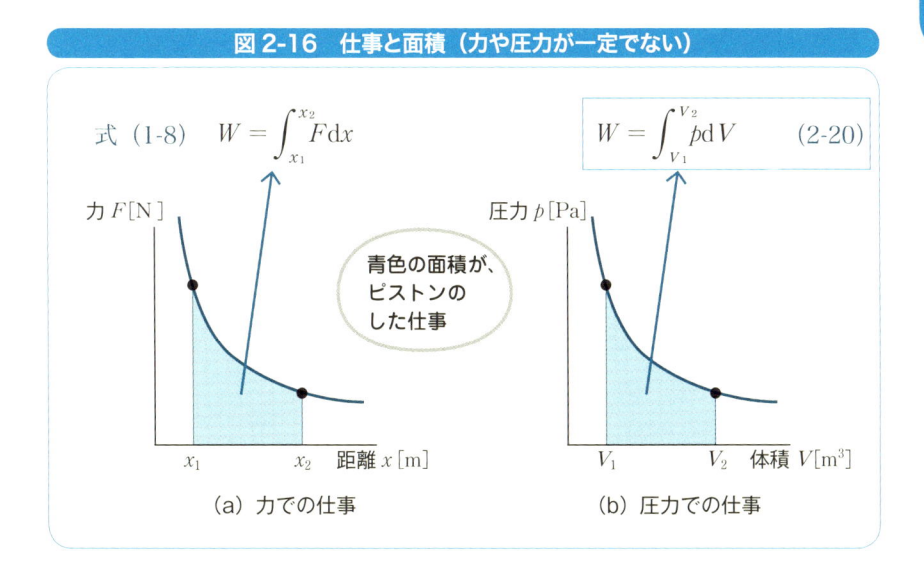

図2-16 仕事と面積（力や圧力が一定でない）

式（1-8） $W = \int_{x_1}^{x_2} F\,dx$

$$W = \int_{V_1}^{V_2} p\,dV \tag{2-20}$$

青色の面積が、ピストンのした仕事

（a）力での仕事 — 力 F [N]、距離 x [m]

（b）圧力での仕事 — 圧力 p [Pa]、体積 V [m³]

第2章 圧縮空気で仕事をしよう！

2-3 圧力で仕事

2-4 油圧ジャッキで仕事

　圧力の性質を利用して大きなものを持ち上げる機械に、図2-17のような油圧ジャッキがあります。

図2-17　油圧ジャッキ

(写真：大橋産業株式会社)

図2-18　油圧ジャッキの原理

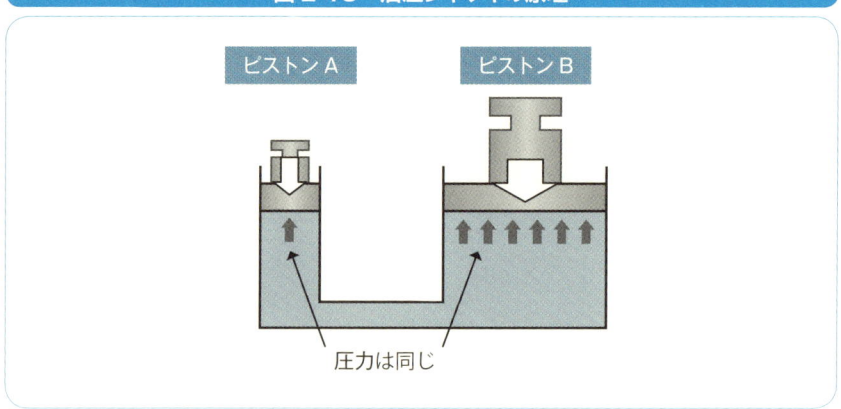

ピストンA　　ピストンB

圧力は同じ

　油圧ジャッキは、図2-18のように、小さなシリンダーと大きなシリンダーがつながれていて、油で満たされています。そのとき両方のピストンにかかる圧力は同じです。これを**パスカルの原理**といいます。ただし、圧力pが同じでもピストンにかかる力Fは、次式のように表わせます。

式 (2-2) より　$F = p \times A$

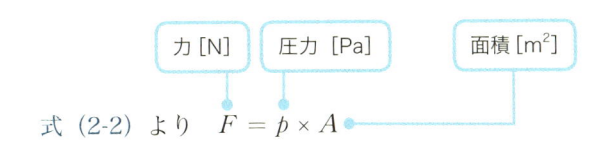

- 力 [N]
- 圧力 [Pa]
- 面積 [m²]

ですから、ピストンの面積Aが小さいほうは力Fは小さく、面積Aの大きいピストンのほうが力Fは大きくなります。

計算問題

Q 図2-19のように、ピストンAの断面積Aが$2m^2$、ピストンBの断面積Aが$20m^2$の場合、ピストンAに50Nの力Fを加えると、ピストンBにかかる力を求めましょう。

図2-19　油圧ジャッキの原理

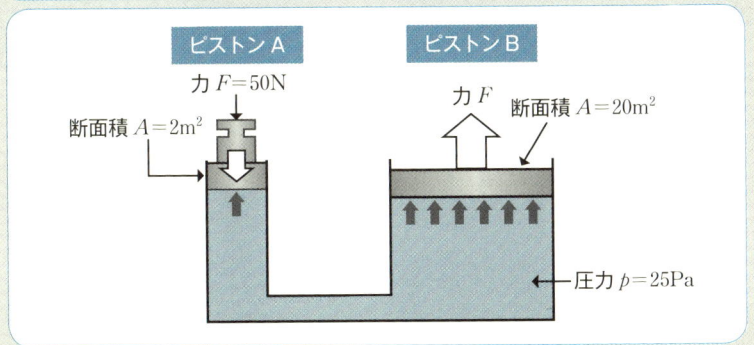

ピストンA：力$F=50N$、断面積$A=2m^2$
ピストンB：力F、断面積$A=20m^2$
圧力$p=25Pa$

解説 圧力を求めます。ピストンAにかかる圧力は25Pa（$\frac{F}{A} = \frac{50N}{2m^2}$）となり、両方のピストンにかかる圧力は等しいから、ピストンBでは、500N（$p \times A = 25Pa \times 20m^2$）の力を発生します。

このように油圧ジャッキでは、小さな力を大きな力に変換できますが、動かせる距離は、図2-20のように10分の1になってしまいます。そのとき、持ち上げる仕事Wを求めると、式 (1-1)　$W = F \times L$で、力×距離です。

2-4　油圧ジャッキで仕事

したがって、いくら小さな力で大きなものを持ち上げても、距離が増えるので、仕事としては変わりません。

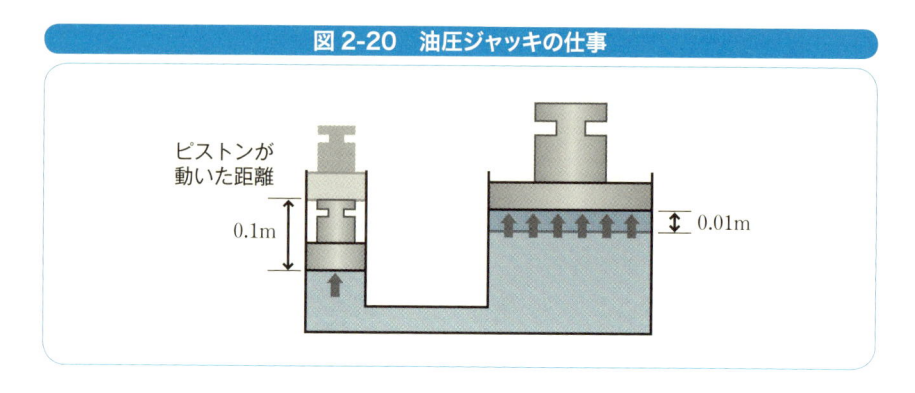

図 2-20　油圧ジャッキの仕事

ピストンが動いた距離
0.1m
0.01m

実際の油圧ジャッキでは、図2-21のようなテコの原理も使って、たいへん重いものを持ち上げることができます。

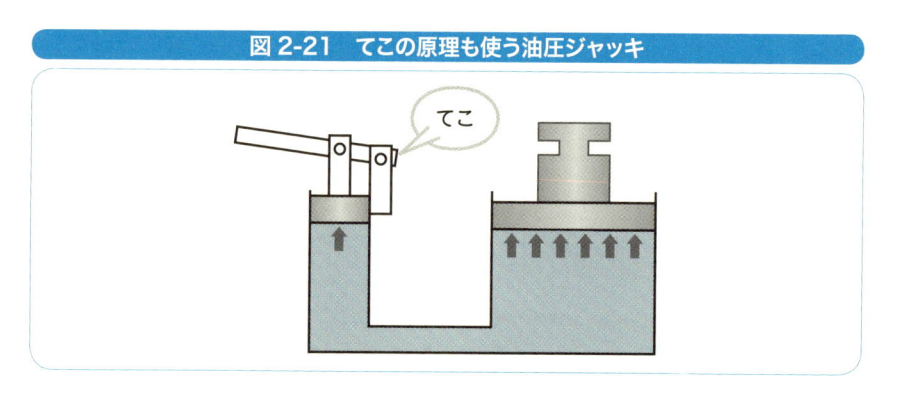

図 2-21　てこの原理も使う油圧ジャッキ

てこ

次章では、エンジンへの応用を考えて、図2-22のようにシリンダーの中に入っている空気の量や空気分子の数について考えてみましょう。

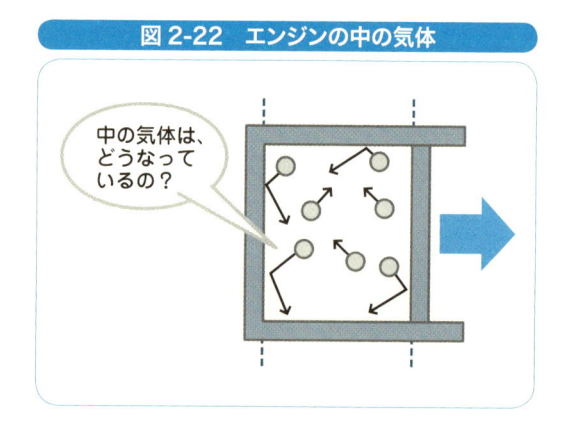

図 2-22　エンジンの中の気体

中の気体は、どうなっているの？

第3章
ペットボトルに、何kgの空気が入っている？
理想気体

空気は軽いので、ペットボトルの中の空気の重さをはかりで量るのはむずかしいです。それを熱力学の力を借りて求めてみましょう。

3-1 気体の体積と圧力と温度
～ボイル・シャルルの法則

　図3-1のように、気体に熱を加えると、気体の温度T、圧力p、体積Vのいずれかが変化します。本章では、これらの関係について考えます。

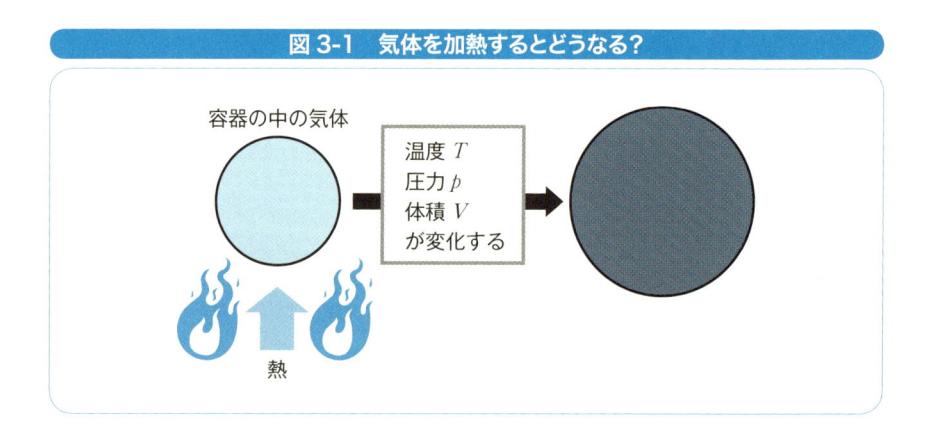

図 3-1　気体を加熱するとどうなる？

容器の中の気体 → 温度T 圧力p 体積V が変化する

熱

　容器の中の気体の、体積V、温度T、圧力pには、一般的に次の関係があります。

圧力[Pa（パスカル）]　体積[m³]

$$\frac{p \times V}{T} = 定数（一定） \tag{3-1}$$

温度[K（ケルビン）]

　この関係を**ボイル・シャルルの法則**といいます。例えば、圧力が変わらなければ、気体の温度Tが上昇すると、気体の体積Vは増加し、気体は膨張します。

　ただし、温度の単位は、℃ではありません。K（ケルビン）です。ケルビンは、絶対温度と呼ばれる温度の単位です。℃とK（ケルビン）の換算は、次式となります。

$$T\,[\text{K}] = t\,[°\text{C}] + 273 \tag{3-2}$$

$$t\,[°\text{C}] = T\,[\text{K}] - 273 \tag{3-3}$$

°Cは、摂氏温度といいます。

Q 20℃は、何Kですか？

A 式（3-2）の $T\,[\text{K}] = t\,[°\text{C}] + 273$ の t に20を代入すると、

$$T\,[\text{K}] = 20 + 273 = 293\,[\text{K}]$$

したがって、20℃は、293Kです。つまり、摂氏温度［℃］に273を**足せば**、絶対温度Kになります。

Q 逆に、300Kは、何℃ですか？

A 式（3-3）の $t\,[°\text{C}] = T\,[\text{K}] - 273$ に $T = 300$ を代入すると、

$$t\,[°\text{C}] = 300 - 273 = 27\,[°\text{C}]$$

したがって、300Kは、27℃です。つまり、絶対温度［K］から273を**引けば**、摂氏温度℃になります

お助け解説

　上の計算の273は、正確には273.15ですが、熱力学の計算では、273.15の小数点以下の数値0.15を省略する場合が多いです。したがって、本書でも、273を用いることにします。

物質を構成する分子や原子はたえず運動をしています。その運動は、高温になるほど激しくなります。逆に運動は、低温になるほど動きが鈍くなり、−273℃で、完全に分子は運動を停止します。その温度を絶対零度と言い０K（ゼロケルビン）と表わし、温度目盛の幅を℃（摂氏）と一緒に定めました。つまり

$$-273℃ = 0\,\text{K}$$
$$0℃ = 273\,\text{K}$$

です。絶対零度０K（−273℃）では分子や原子の運動が完全に停止しますので、これより低い温度は存在しません。つまり、−10℃は、存在しますが、−10Kの温度は存在しません。

3-2 ペットボトルの中の空気の分子の数

私たちが普段吸っている空気は、目にみえませんが、実際には空気の分子が存在しています。ここでは分子の数に注目してみましょう。

Q 空のペットボトル1 l（リットル）の中には、空気の分子がいくつ入っているでしょうか？

図3-2 空のペットボトルの中の空気

空のペットボトルの空気の分子は、何個？

第3章 ペットボトルに、何kgの空気が入っている？

お助け解説

ペットボトルの中の分子の数は、圧力と温度によって変わりますが、その関係は、式（3-1）のボイル・シャルルの法則に従います。その式（3-1）の右辺の定数は、次式で与えられます。

$$\frac{p \times V}{T} = n \times R_u \tag{3-4}$$

（圧力）（体積）（分子数）（温度）（一般気体定数）

上式の n は、容器内の分子の数（分子数）で、R_u は一般気体定数（一般ガス定数）と呼ばれているもので、気体の種類に関係ない値なので、

わざわざ「一般」という言葉をつけています。R_uの値は、$R_u = 8.314 \dfrac{\text{J}}{\text{mol}\cdot\text{K}}$ です。式 (3-4) の両辺に温度 T をかけると、次式になります。

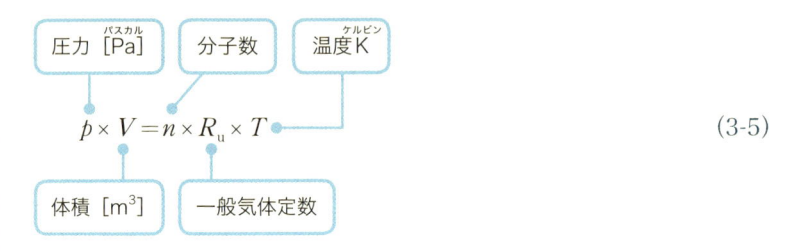

$$p \times V = n \times R_u \times T \tag{3-5}$$

- 圧力 [Pa]
- 分子数
- 温度 K
- 体積 [m³]
- 一般気体定数

気体は、必ずこの関係に従うわけではありませんが、特にこの式に従う気体を**理想気体**といいます。そしてこの式を、**理想気体の状態方程式**と呼びます。

したがって、分子数 n を求めるためには、式 (3-5) の両辺を $(R_u \times T)$ で割った次式、

$$\text{分子数}: n = \frac{p \times V}{R_u \times T} \tag{3-6}$$

を使います。

計算問題

Q ペットボトルの中の分子数を計算してみましょう。

ペットボトルの体積 $1\,l$ は、0.001m^3 になります。圧力は、大気の基準圧力（標準圧力：101kPa）としましょう。

（計算の条件）
- ペットボトルの体積；$V = 1\,l = 0.001\text{m}^3$
- 圧力；$p = 101\text{kPa} = \mathbf{101 \times 10^3 \text{Pa}}$
- 温度；20℃

> **つまづき注意！** Ｐａ（パスカル）という圧力の単位を覚えていますか？ 忘れたら、2章をみてください

解説 この計算では、気体の温度は、式 (3-2) の T [K] $= t$ [℃] $+273$ を使って、絶対温度に直さなければいけません。つまり、20℃に273を足して、

　　温度；$T = 20℃ + 273 = 293$K

になります。一般気体定数（一般ガス定数）R_u は、$8.314 \dfrac{\text{J}}{\text{mol}\cdot\text{K}}$ ですので、前式 (3-6) を使って、

式 (3-6) より分子数：

> 0.0415個ではなく、0.0415mol（モル）です

$$n = \dfrac{p \times V}{R_u \times T} = \dfrac{(101 \times 10^3) \times (0.001)}{(8.314) \times (293)} = 0.0415 \qquad (3\text{-}7)$$

この計算の答えは、0.0415となっていますが、分子数が0.0415個ではなく、0.0415mol（モル）です。このmolは個数の単位を表わし、1ダースが12個の場合と同様に、1mol（モル）は、6.02×10^{23} 個です。したがって、

$$1\text{mol}（モル）= 6.02 \times 10^{23} 個 \qquad (3\text{-}8)$$

ですので、0.0415molは、0.0415に 6.02×10^{23} をかければいいです。

$$\begin{aligned} 0.0415\text{mol} &= 0.0415 \times 6.02 \times 10^{23} 個 \\ &= 2.50 \times 10^{22} 個 \end{aligned} \qquad (3\text{-}9)$$

つまり、ペットボトル1 l（リットル）の中の空気の分子は、2.5×10^{22} 個です。上式中の数「6.02×10^{23}」を**アボガドロ数**と呼んでいます。

3-3 空気の重さはいくらでしょうか?

前節では、空気の分子の数を計算しました。ここでは空気の重さについて注目してみましょう。

> **つまづき注意!**
> 「空気の重さ」は、「空気の重量」ともいいますが、工学や理学の世界では、は「空気の**質量**はいくらでしょう」といわなければなりません。質量と重さの違いの説明は、この章末にありますが、地上では、質量と重さの値は同じなので、以下の説明で、質量を重さと読み替えて、イメージをつかんでも大丈夫です。

お助け解説

空気という分子は、実はありません。空気を構成する成分は、下の表です。空気のように、いろいろな分子が混ざった気体を**混合気体**と呼びます。下の表のように空気の主成分は、窒素と酸素です。分子量は、分子の質量と同じ値です。ただし、分子1個の質量ではありません。分子1mol(6.02×10^{23}個)の質量です。したがって、分子量の単位は、g/mol(1モル当たりの質量)となりますが、分子量の値を示す場合には、単位g/molを書かないで表記します。

表3-1 空気の成分

窒素の分子量28とありますが、窒素分子1molの質量が28gということです

	化学式	分子量	分子数割合%
窒素	N_2	28	78.084
酸素	O_2	32	20.946
アルゴン	Ar	40	0.934
二酸化炭素	CO_2	44	0.032
その他			0.004

表3-1のように空気の主成分は、窒素と酸素です。そこで、表3-2に示すように、空気を窒素と酸素だけと仮定して、窒素と酸素の体積の割合と質量の割合を考えてみましょう。

表 3-2　空気の成分（窒素と酸素のみ）

分子量には単位をつけませんが、数値の意味は g/mol です

	化学式	分子量	分子数割合%
窒素	N_2	28	80
酸素	O_2	32	20

図 3-3　混合気体（空気）

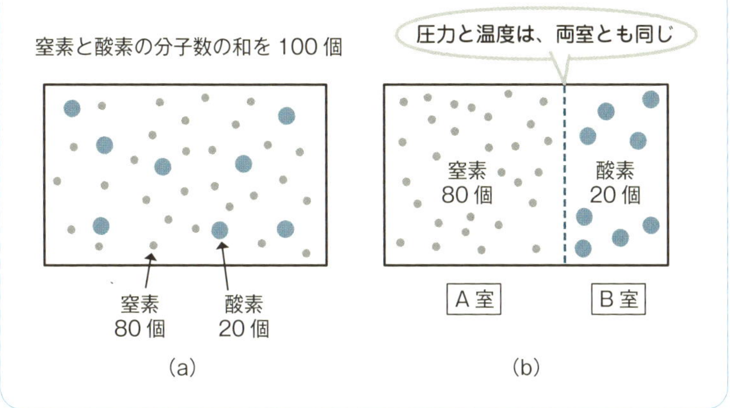

窒素と酸素の分子数の和を 100 個

圧力と温度は、両室とも同じ

(a) 窒素 80 個　酸素 20 個

(b) A室 窒素 80 個　B室 酸素 20 個

空気中の分子100個をとった場合を図3-3(a)のように表わすと、表3-2より80個が窒素、20個が酸素になります。molは、分子の個数の単位ですので、表3-2の「分子数の割合＝80：20」は、「モル割合＝80：20」に等しくなります。

図3-3(a)の各気体分子を何らかの方法で、図3-3(b)のように、窒素と酸素に分離するとき、両者の圧力と温度が等しく、それぞれの部屋で理想気体の関係が成り立つ場合、その体積割合は、分子数の割合と等しい80：20になります。整理すると、

$$\text{分子数の割合} = \text{モルの割合}$$
$$= \text{窒素と酸素の占める体積の割合} = 80:20 \quad (3\text{-}10)$$

です。つまり、全体の体積は、それぞれの気体の占める体積の和に等しくなります。これを**ダルトンの法則**といいます。

例えば、図3-4（a）のとき、りんごとみかんの周りの気体の体積は、みかんのほうが大きいです。しかし、図3-4（b）のように、両方とも小さい分子の場合、その大きさがとても小さいので、分子1個の周りの体積は、ほぼ同じです。それがダルトンの法則の原理です。

図3-4　ダルトンの法則の原理

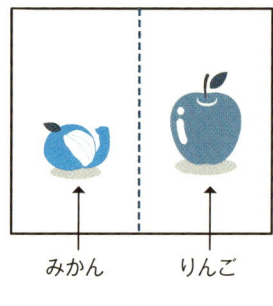

（a）分子の大きさが大きいので周りの体積は違う

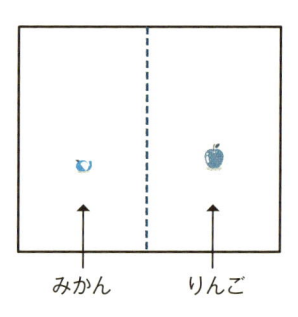

（b）分子の大きさが小さいので周りの体積は同じ

図3-3の箱に入っている80個の窒素の質量と20個の酸素の質量の割合は、80：20でしょうか？

お助け解説

図3-5のように、窒素を1個28gのみかん、酸素を1個32gのリンゴとすれば、

図3-5 混合気体（みかんとりんご）

窒素と酸素の分子数の和を100個

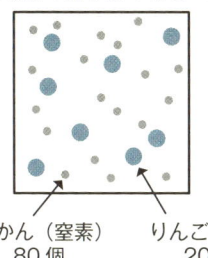

みかん（窒素）80個　りんご（酸素）20個

みかんの全質量 ＝ 28 g/個 × 80個 ＝ 2240 g
りんごの全質量 ＝ 32 g/個 × 20個 ＝ 640 g
みかんの全質量：りんごの全質量 ＝ 2240：640 ＝ 78：22

A つまり、窒素と酸素の質量割合と分子数の割合は、

窒素と酸素の質量割合 ＝ 78：22
窒素と酸素の分子数割合 ＝ 80：20　　値は違う

となり、表3-3のように分子数割合、モル割合、体積割合の値は同じですが、質量割合と分子数割合の値は同じではありません。

表3-3 空気の成分（窒素と酸素のみ）

	化学式	分子量	分子数%	モル%	体積%	質量%
窒素	N_2	28	80	80	80	78
酸素	O_2	32	20	20	20	22

分子数の割合、モルの割合、体積の割合の値は等しい

質量の割合の値は異なる

空気は、いろいろな分子が混ざった混合気体ですが、空気という分子を仮定した場合、空気の分子量はいくつでしょうか？

お助け解説

空気の分子量 M（1モル当たりの質量）は、図3-6に示す空気の全質量を窒素と酸素の全分子数（モル数）で割って、次式のように表3-3の数値から求めます。

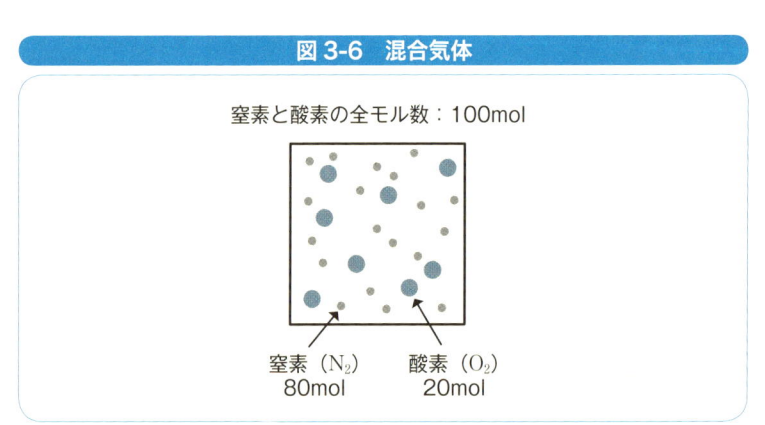

図3-6　混合気体

窒素と酸素の全モル数：100mol

窒素（N_2）80mol　　酸素（O_2）20mol

$$\text{空気の分子量} M = \frac{\text{全体の質量}}{\text{全体の分子数}} = \frac{M_{N_2} \times n_{N_2} + M_{O_2} \times n_{O_2}}{n_{N_2} + n_{O_2}}$$

$$= \frac{28 \times 80 + 32 \times 20}{80 + 20} = 29 \quad (3\text{-}11)$$

式（3-11）は、変形すると式（3-12）になります。式（3-12）でも空気の分子量 M の値は同じですが、混合気体の分子量 M を求める際には、式（3-12）の形のほうがよく使われます。

$$\text{混合気体の分子量} M = M_{N_2} \times \frac{n_{N_2}}{n_{N_2} + n_{O_2}} + M_{O_2} \times \frac{n_{O_2}}{n_{N_2} + n_{O_2}}$$

$$= 28 \times \frac{80}{80+20} + 32 \times \frac{20}{80+20} = 29 \quad (3\text{-}12)$$

A 式（3-12）より、空気の平均分子量は29ですので、混合気体の空気を、分子量29の空気分子を仮定して空気を扱います。なお、実際の空気の平均分子量は、28.966です。

Q ペットボトルの中の分子数は、直接数えることはできませんので、空のペットボトル $1l$ の中には、何kgの空気が入っているか考えてみましょう。

図3-7 空のペットボトルの中の空気の重さは？

空のペットボトルの空気は何kg？

（計算の条件）
圧力；$p = 101\text{kPa} = 101 \times 10^3 \text{Pa}$
体積；$V = 1l = 0.001\text{m}^3$
温度；$T = 20°C = (20 + 273)\text{K} = 293\text{K}$

$1l$ のモル数（分子数）が分かれば、その分子量をかけ算して質量が求まります

A 前節3-2で、空気を理想気体と考え、空のペットボトルの中の分子数（モル数）を求めました。空気の条件を図3-7に示し、分子数を求めた式（3-7）を下に示します。

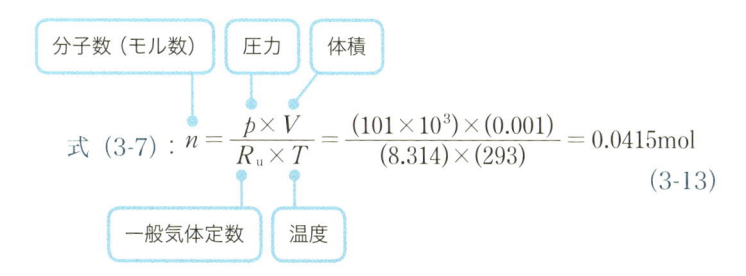

式（3-7）： $n = \dfrac{p \times V}{R_u \times T} = \dfrac{(101 \times 10^3) \times (0.001)}{(8.314) \times (293)} = 0.0415 \text{mol}$

(3-13)

（分子数（モル数）／圧力／体積／一般気体定数／温度）

しかし、式（3-13）では、左辺が分子数 n [mol] なので、質量 m [g] を直接計算できません。式（3-13）のかわりに、左辺が空気の質量 m になっている次式を計算に使います。

3-3 空気の重さはいくらでしょうか？

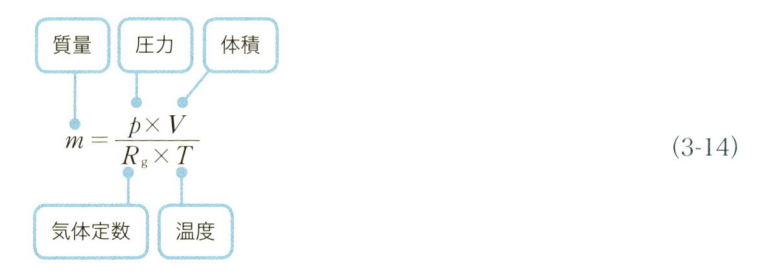

$$m = \frac{p \times V}{R_g \times T} \quad (3\text{-}14)$$

- 質量: m
- 圧力: p
- 体積: V
- 気体定数: R_g
- 温度: T

ここで、R_gは気体定数（ガス定数）で、一般気体定数のR_uを気体の分子量で割ることから計算できる定数です。

$$\text{気体定数 } R_g = \left(\frac{R_u \times 1000}{M}\right) \quad \left[\frac{\text{J}}{\text{kg}\cdot\text{K}}\right] \quad (3\text{-}15)$$

- 一般気体定数 8.314 [J/mol・K]: R_u
- 質量単位gをkgにするための係数: 1000
- 分子量 [g/mol]: M

次の計算をやりながら、式（3-14）と式（3-15）の意味を考えてみましょう。

計算問題

Q 空気（分子量$M=29$）の気体定数R_gを計算し、ペットボトル$1l$の中の空気の質量を求めてみましょう。

解説 先ずは、式（3-15）を用いて、空気の気体定数を求めましょう。

$$R_g = \left(\frac{R_u \times 1000}{M}\right) = \frac{8.314 \times 1000}{29} = 287 \left[\frac{\text{J}}{\text{kgK}}\right] \quad (3\text{-}16)$$

（M：空気の分子量）

圧力101kPa、20℃のペットボトル$1l$の中の空気の質量は、式（3-14）を用いて、

$$m = \frac{p \times V}{R_g \times T} = \frac{(101 \times 10^3 \,\mathrm{Pa}) \times (0.001 \,\mathrm{m}^3)}{287 \times 293 \,\mathrm{K}} = 1.20 \times 10^{-3} \,\mathrm{kg}$$

（質量）（圧力）（体積）　101kPa　1l　1.20g
（気体定数）（温度）　(20+273)K = 293K

(3-17)

つまり、ペットボトル1lには、1.2gの空気が入っています。

一方、分子量Mは、分子数1mol（モル）あたりの分子の質量ですので、n［mol（モル）］の分子の質量mを求めるには、モル数と分子量をかけあわせます。

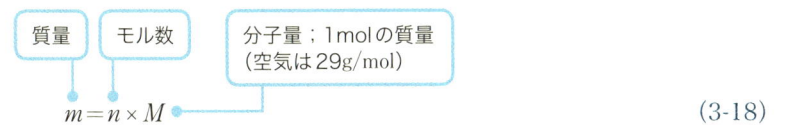

質量　モル数　分子量；1molの質量（空気は29g/mol）

$$m = n \times M$$

(3-18)

計算問題

Q 空気1mol（6.02×10^{23}個）の質量はいくらですか？

解説 $m = n \times M = 1\mathrm{mol} \times 29\mathrm{g/mol} = 29\mathrm{g}$

上の答えのように、分子の質量mを計算できますが、その単位は、g（グラム）です。しかし、質量の基本単位（SI単位）は、kg（キログラム）ですので、求めた質量mの単位を、次式のようにkgに直さなければなりません。そのため、以下のように1000で割ります。

$$m\,[\mathrm{kg}] = n \times \left(\frac{M}{1000}\right) = 1\mathrm{mol} \times \left(\frac{29\mathrm{g/mol}}{1000}\right) = 0.029\,[\mathrm{kg}]$$

質量単位gをkgに直すための係数

(3-19)

お助け解説

式（3-13）と式（3-14）は同じ意味の式ですが、ここで、その理由を考えてみましょう。

式（3-15）の両辺を $(R_g \times R_u)$ で割ると、

式（3-15） $R_g = \left(\dfrac{R_u \times 1000}{M}\right)$ ➡ $\dfrac{1}{R_u} = \dfrac{1000}{R_g \times M}$ 　　　(3-20)

（$(R_g \times R_u)$ で割る）

これを式（3-13）に代入すると、

式（3-20）を代入

式（3-13） $n = \dfrac{p \times V}{R_u \times T} = \dfrac{1}{R_u} \times \dfrac{p \times V}{T} = \dfrac{1000}{R_g \times M} \times \dfrac{p \times V}{T}$

(3-21)

R_u を横に

この式（3-21）の両辺に、$\dfrac{M}{1000}$ をかけると

$$n \times \dfrac{M}{1000} = \dfrac{M}{1000} \times \dfrac{1000}{R_g \times M} \times \dfrac{p \times V}{T}$$

$$n \times \dfrac{M}{1000} = \dfrac{p \times V}{R_g \times T} \tag{3-22}$$

ここで式（3-22）の右辺と式（3-19）を組み合わせると、

$$m = \dfrac{p \times V}{R_g \times T} \quad (\text{式（3-14）と同じ}) \tag{3-23}$$

となります。この式の両辺に $(R_g \times T)$ をかけると、次式になります。この式（3-24）と、式（3-5）を下のように比べると混乱することがよくあります。

　　圧力　体積　質量　気体定数　温度

$$p \times V = m \times R_g \times T \tag{3-24}$$

式が似ているので、混乱する。

式（3-5）より　$p \times V = n \times R_u \times T$ 　　　(3-25)

　　　　　　　　　　　分子数　一般気体定数

72

両式とも、理想気体の状態方程式で同じものですが、式（3-24）は、工学系の状態方程式、式（3-25）は理学系の状態方程式です。

工学では、実際に直接測定できる質量 m を使い、理学は現象を解明する場合に有効な分子数 n を用いています。

皆さんが別の熱力学の本を将来読まれるとき、どちらの状態方程式なのか認識することが、熱力学攻略のポイントです。

次章では、上式の気体の温度 T を上げる方法について考えてみましょう。

つまずき注意！ 「質量と重量」

質量と重量は、言葉が似ていますが、意味は大きく違います。その違いは、箱の重さを量ることをイメージすると分かります。

箱の重さは、台ばかりや天びんばかりを使えば量れます。先ず図3-8のように台ばかりで、箱の重さを量ってみましょう。

図3-8　地球上のはかりと月面上のはかりの違い

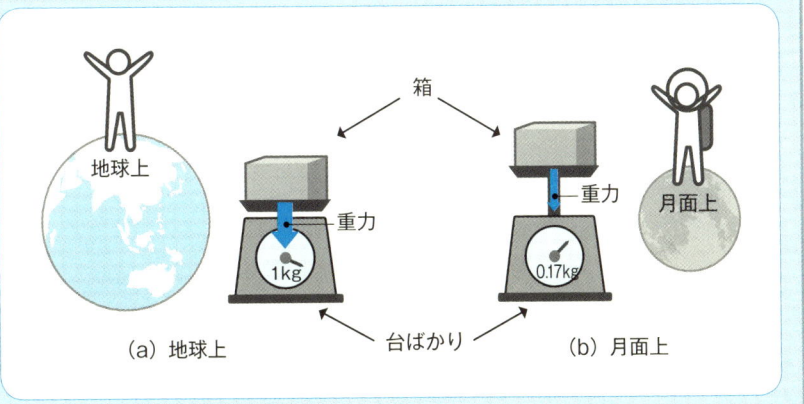

(a) 地球上　　(b) 月面上

図3-8（a）の箱の重さは1kgです。日常生活では、重さの単位にkgを使います。ただし、台ばかりで量った重さは、地球が引っ張る力（重力）を測っています。したがって、場所によって、箱の重さは変わります。例えば、図3-8（a）の

はかりを月面に持って行った場合、図3-8 (b) のように箱の重さは、地球上の約1/6の0.17kgになります。これは、月の重力が、地球の約1/6であるからです。

重さは、**重量**ともいいますが、重力（地球の引っ張る力）の意味を表わすために、重さ（重量）の単位を、正しくはkgfあるいはkgwと書きます。kg<u>f</u>のfは<u>f</u>orce（力）のfです。kg<u>w</u>のwは<u>w</u>eight（重量）のwです。ただし現在は、力の単位にはN（ニュートン）を使うことになっており、kgfやkgwは熱力学ではあまり使いません。なお、1kgfまたは1kgwは、9.80665Nです。

一方、図3-9 (a) のように地球上で天びんを使って、1kgのおもりを基準に、箱の重さを量ると、3-9図 (b) のように月面上でも、箱は1kgで変わりません。このように、基準のおもりをもとに、図3-9のように量った量を**質量**と呼び、単位にkgを使います。日本におけるこの基準のおもりのおおもとは**「日本国キログラム原器」**（図3-10）といい、独立行政法人産業技術総合研究所で保管されています。

図3-9 地球上のはかりと月面上のはかり

(a) 地球上　　(b) 月面上

図3-10 日本国キログラム原器

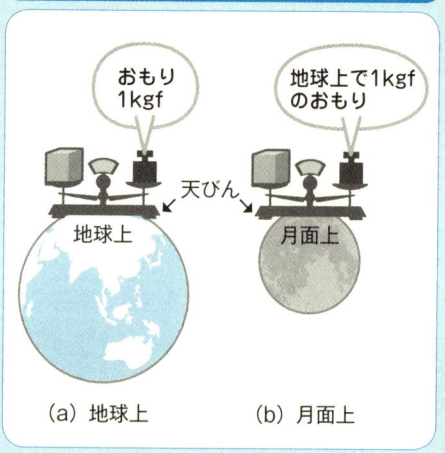

((独) 産業技術総合研究所提供)

したがって、図3-11 (a) のように地球上で重量（重さ）1kgfの箱の質量は、1kgです。その箱を、図3-11 (b) のように無重力状態に持っていくと、質量は1kgで変わりませんが、箱の重量（重さ）は、無重力状態では、0 kgf（ゼロ）になります。

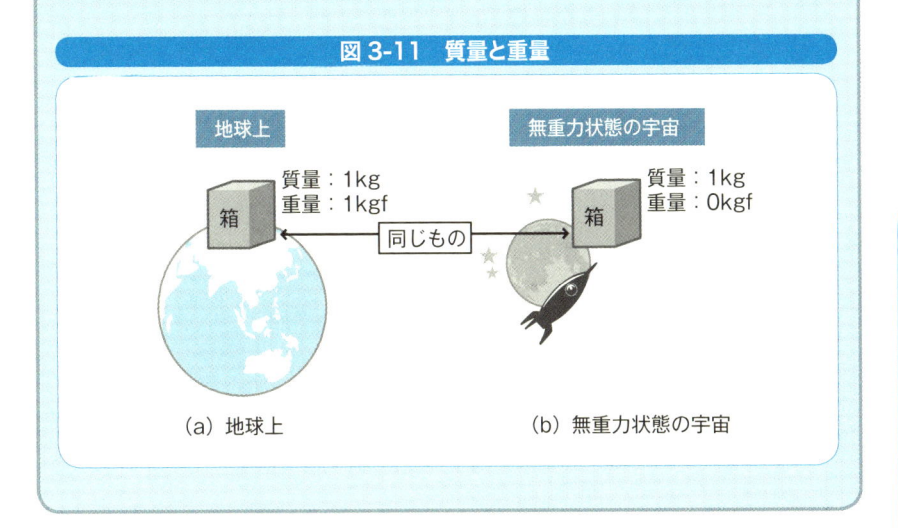

図3-11　質量と重量

地球上
箱　質量：1kg　重量：1kgf

同じもの

無重力状態の宇宙
箱　質量：1kg　重量：0kgf

(a) 地球上　　　(b) 無重力状態の宇宙

第4章
空気を暖める！
熱力学第1法則

空気を火で加熱しないで、空気を暖めることを考えてみましょう。

4-1 内部エネルギー

ここでは、箱の中の気体のエネルギーに注目してみましょう。
まずは、気体に熱を加えた前後でのエネルギーの増加量をみてみます。

Q 空気を暖めるということは、気体の温度を上げることですが、温度を上げる方法は、火で空気に熱を加える方法だけでしょうか？

お助け解説

それは間違いです。その理由を、この章で熱力学的に考えていきます。

Q 簡単なエネルギーの計算をしてみましょう。図4-1のように、最初、箱の中のエネルギー U_1 が $100\,\mathrm{J}$ の箱に、熱 Q を加えて、箱の中のエネルギーが、$120\,\mathrm{J}$ になったとしましょう。そのとき、箱の中のエネルギーは、どのくらい増えたのでしょうか？ また、加えた熱量は何Jでしょうか？

図4-1 気体の加熱（内部エネルギーの増加）

最初の状態
U_1：内部エネルギー
$U_1 = 100\,\mathrm{J}$

内部エネルギー増加量 ΔU
$\Delta U = U_2 - U_1$
$= 120\,\mathrm{J} - 100\,\mathrm{J}$

最後の状態
U_2：内部エネルギー
$U_2 = 120\,\mathrm{J}$

熱 Q
熱を加える

熱力学では、箱の中のエネルギーを、簡潔に**内部エネルギー**と呼び、記号 U で表現します。図4-1の最初の状態の内部エネルギーは $U_1=100\mathrm{J}$、図4-1の最後の状態の内部エネルギーは $U_2=120\mathrm{J}$ ですから、**内部エネルギーの増加量 ΔU** は、以下の式になります。

$$内部エネルギーの増加量：\Delta U = \underset{最後}{U_2} - \underset{最初}{U_1}$$
$$= 120\mathrm{J} - 100\mathrm{J} = 20\mathrm{J} \quad (4\text{-}1)$$

この内部エネルギー U の増加の原因は、加えた熱量 Q ですから、式にすると

$$加えた熱：Q = \underset{式(4\text{-}1)の内部エネルギーの増加量}{\Delta U} = 20\mathrm{J} \quad (4\text{-}2)$$

となります。ただし、図4-1では、箱を加熱していますが、図4-2 (a) のように、冷却する場合もあります。「冷却する」ことを「放熱する」ということもあります。

図4-2 熱の放出とは？（放熱＝マイナスの熱を加える）

(a) 冷却　　(b) －20Jの加熱
(a) と (b) は同じことを意味します

4-1 内部エネルギー

例として、図4-2（a）では、放熱量を20Jとしました。式（4-2）の$Q=\Delta U$のQは、加熱した熱量ですので、図4-2（b）のように「−20Jの熱を加える」と表現します。つまり、熱力学では、

$$20\text{Jの熱を放熱} \;\Rightarrow\; -20\text{Jの熱を加熱。}$$
$$\text{放熱量}\;\;20\text{J} \;\Rightarrow\; \text{加熱量}\;\;Q=-20\text{J} \tag{4-3}$$

として、図4-2（a）の冷却した状態も、加熱量Qを使って表現します。

図4-3のように、形の変形しない容器を冷却し、20Jの熱がうばわれている場合、内部エネルギーの増加量ΔUはいくらでしょうか？

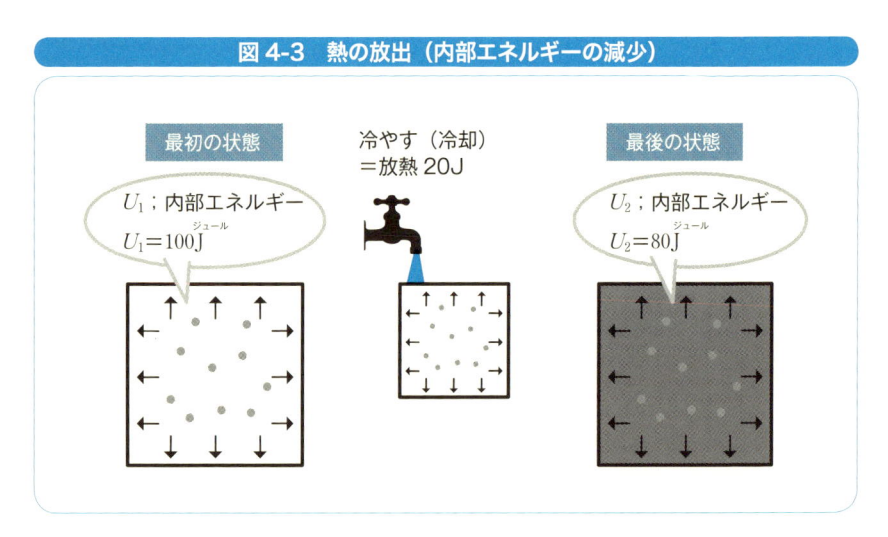

図 4-3　熱の放出（内部エネルギーの減少）

最初の状態
U_1；内部エネルギー
$U_1 = 100\text{J}$

冷やす（冷却）
＝放熱 20J

最後の状態
U_2；内部エネルギー
$U_2 = 80\text{J}$

最初の箱の中のエネルギー U_1 が、100Jで、箱の中のエネルギーが 80Jですから、内部エネルギーの増加量 ΔU を求める式（4-1）を使います。

$$\Delta U = 80\text{J} - 100\text{J}$$
$$= -20\text{J}$$

お助け解説

図4-3に示す20Jの冷却（熱の放出）は、図4-2より、加熱量 Q が、$Q = -20\text{J}$（マイナス）ということになります。式（4-2）の $Q = \Delta U$ より

式（4-2）より　$Q = \Delta U$　（加熱量）（内部エネルギーの増加量）

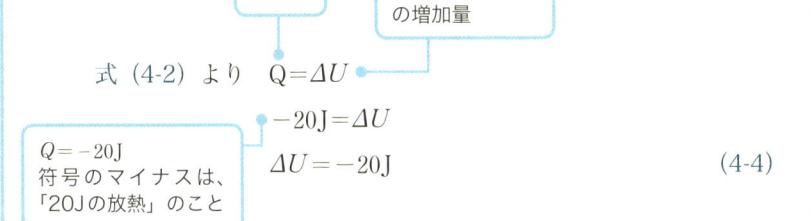

$Q = -20\text{J}$
符号のマイナスは、「20Jの放熱」のこと

$$-20\text{J} = \Delta U$$
$$\Delta U = -20\text{J} \tag{4-4}$$

となります。したがって、$\Delta U = -20\text{J}$ は、内部エネルギーの増加量 ΔU が、-20J ですから、内部エネルギーが20J減少したことを意味します。

4-2 気体の比熱 〜定積比熱

図4-4に示すように、変形のしない容器にいれてゆっくり加熱することを再度考えましょう。このとき、気体の温度は、当然上がります。

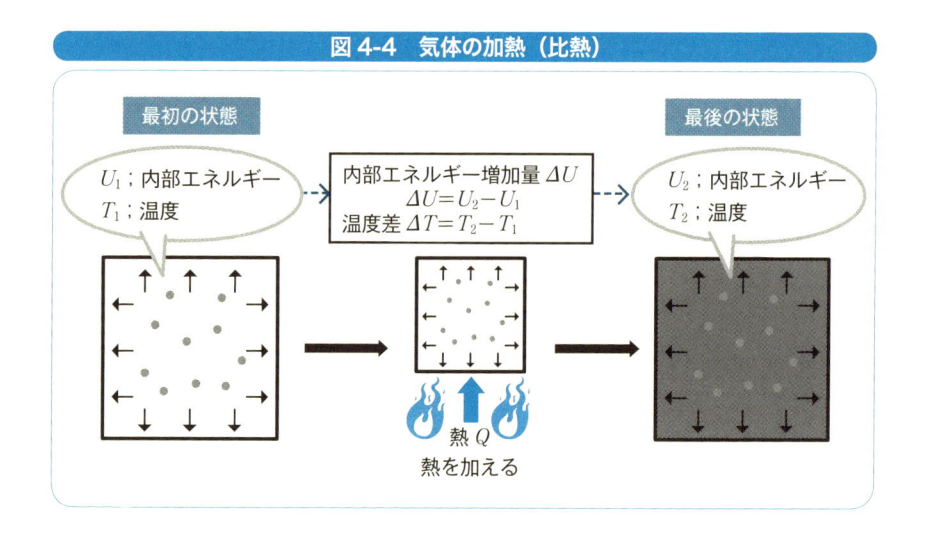

図 4-4　気体の加熱（比熱）

- 最初の状態
  - U_1；内部エネルギー
  - T_1；温度
- 内部エネルギー増加量 ΔU
  - $\Delta U = U_2 - U_1$
  - 温度差 $\Delta T = T_2 - T_1$
- 最後の状態
  - U_2；内部エネルギー
  - T_2；温度

熱 Q
熱を加える

気体1kgの温度を1℃上げるのに必要な熱量を、気体の**比熱** C_V と呼び、その値は、次式で求まります。また、図4-4の場合、加熱量 Q は、内部エネルギーの増加量 ΔU になりますので、式 (4-2) の $Q=\Delta U$ から、式 (4-5) の最後の式のように、ΔU を使っても比熱 C_V は求まります。

$$\text{比熱：} C_V = \frac{Q}{m \times \Delta T} = \frac{\Delta U}{m \times \Delta T} \quad \left[\frac{\text{J}}{\text{kg℃}}\right] \quad (4\text{-}5)$$

（熱量／質量／温度差／内部エネルギーの増加量）

C_V の添え字のvは、volume（体積）という意味です。体積が変わらないので、**定積比熱**といいます。

Q: 質量 m が 1kg の気体を、$Q=3000$J で加熱し、気体の温度が $T_1=20℃$ から $T_2=50℃$ に上昇しました。この場合、気体の比熱はいくらでしょう？

A: その温度差（$T_2-T_1=30℃$）を、$\Delta T[℃]$ で表すと。図4-4の場合の比熱は、式（4-5）から次式となります。

$$C_V = \frac{Q}{m \cdot \Delta T} = \frac{\Delta U}{m \cdot \Delta T} = \frac{3000\text{J}}{1\text{kg} \times 30℃} = 100\frac{\text{J}}{\text{kg}℃} \qquad (4\text{-}6)$$

（定積比熱／内部エネルギーの増加量／式(4-2) $Q=\Delta U$）

お助け解説

温度 $T_1=20℃$ を、式（3-2）で絶対温度に直すと、$T_1=(20+273)$ K $=293$K、$T_2=(50+273)$K$=323$K になりますが、T_1 と T_2 の温度差 ΔT は、30K ですから、温度差の数値30は、30℃と変わりません。したがって、比熱の数値も、下式のように、式（4-6）と変わりません。

$$C_V = \frac{3000\text{J}}{1\text{kg} \times 30\text{K}} = 100\frac{\text{J}}{\text{kgK}} \qquad (4\text{-}7)$$

上式の単位 $\left[\dfrac{\text{J}}{\text{kgK}}\right]$ も、比熱の単位としてよく使われます。

なお、気体が理想気体の場合には、内部エネルギーの増加量 ΔU は、比熱の式(4-5)の両辺に $m \cdot \Delta T$ をかけた次式で求めることができます。

$$\text{内部エネルギーの増加量}; \Delta U = m \cdot C_v \cdot \Delta T \qquad (4\text{-}8)$$

（定積比熱／質量）

4-3 外部仕事 〜熱力学第1法則

4-1節、4-2節では、図4-5（a）のように変形しない容器を加熱しました。エンジンでは、図4-5（b）のようにシリンダーとピストンから成り立っていて、シリンダーの中の気体を加熱し、気体が変化することで、仕事を行います。この節では、図4-5（b）のシリンダーの中の気体について考えてみましょう。

図 4-5　気体の加熱と仕事

（a）形の変形しない容器　　　（b）ピストンで仕事

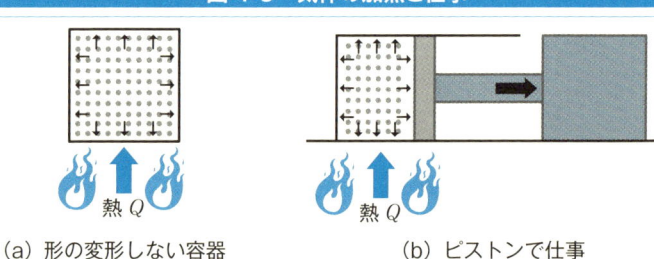

図4-6のように、最初、内部エネルギー $U_1 = 100$ J のシリンダー内の気体に、熱50Jを加え（加熱量 $Q = 50$ J）、同時に、箱を動かす仕事を行いました。その結果、内部エネルギー $U_2 = 120$ J となりました。内部エネルギーの増加量は何Jでしょう？　また、仕事は何Jでしょうか？

図 4-6　内部エネルギーとピストンの仕事

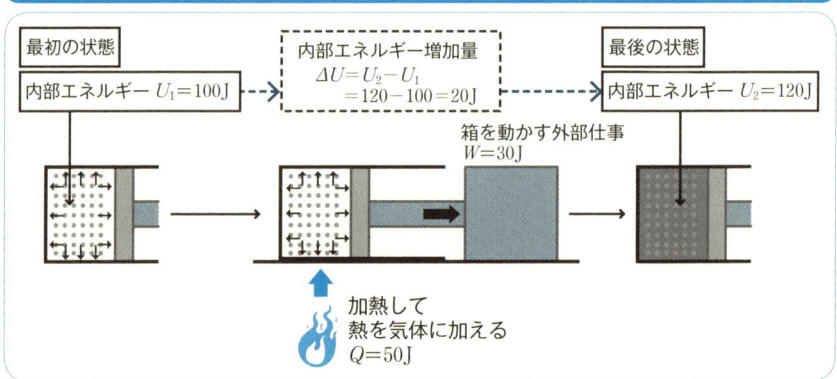

最初の状態
内部エネルギー $U_1 = 100$ J

内部エネルギー増加量
$\Delta U = U_2 - U_1$
$= 120 - 100 = 20$ J

最後の状態
内部エネルギー $U_2 = 120$ J

箱を動かす外部仕事
$W = 30$ J

加熱して熱を気体に加える
$Q = 50$ J

式（4-1）と同じく、内部エネルギーの増加量ΔUは、初めの内部エネルギーU_1から最後の内部エネルギーU_2への増えた量ですから、

$$\Delta U = U_2 - U_1 = 120\text{J} - 100\text{J} = 20\text{J} \tag{4-9}$$

です。図4-1や図4-5（a）は、加熱量Qは、すべて内部エネルギーの増加量ΔUになりました。

式（4-2）から　$Q = \Delta U$（加熱量20J ＝ 内部エネルギーの増加量20J） (4-10)

しかし、図4-6では、加熱量$Q=50\text{J}$で、式（4-9）より内部エネルギーの増加量$\Delta U = 20\text{J}$なので、

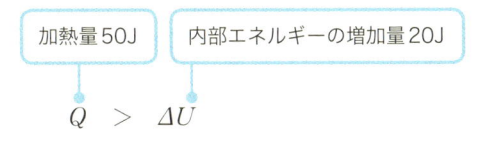

加熱量50J ＞ 内部エネルギーの増加量20J
$Q > \Delta U$

です。左の図4-6では、下の図4-7のように、加えられた熱量Qが、内部エネルギーの増加量ΔUと仕事Wに変わりました。

図4-7　加熱量と内部エネルギーの増加量と仕事の関係

加熱量 $Q=50\text{J}$ ⇒ 内部エネルギーの増加量 $\Delta U=20\text{J}$
　　　　　　　　　　箱を動かす仕事 $W=30\text{J}$

図4-6の箱を動かす仕事Wは、シリンダー内の気体が、シリンダーの外に置かれている箱を動かした仕事ですので、この仕事Wは、気体の行った**外部仕事**と呼びます。図4-6を式にすると、次式になります。

$$Q = \Delta U + W \tag{4-11}$$

- Q：加熱量 [J]
- ΔU：内部エネルギーの増加量 [J]
- W：外部仕事 [J]

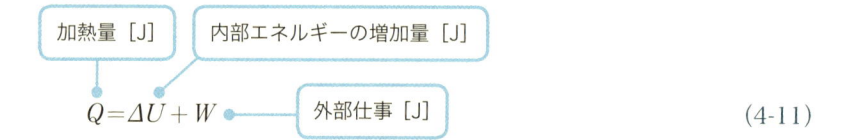

これを**熱力学第1法則**といいます。つまり、熱も仕事も同じエネルギーの一種であり、気体に加えた熱量が、内部エネルギー増加量と外部仕事の和に等しいという法則です。エネルギーと熱と仕事は、同じものだということを示していますので、エネルギーの総量は変化しないという**エネルギー保存の法則**になります。

前図4-6では、ピストンが箱を押しましたが、図4-8では、逆に人がピストンを押す場合を考えましょう。そのとき、シリンダー内の気体の圧力と体積が、図4-8（b）のように①から②に変化したとします。

図4-8　人の押す仕事と気体の体積

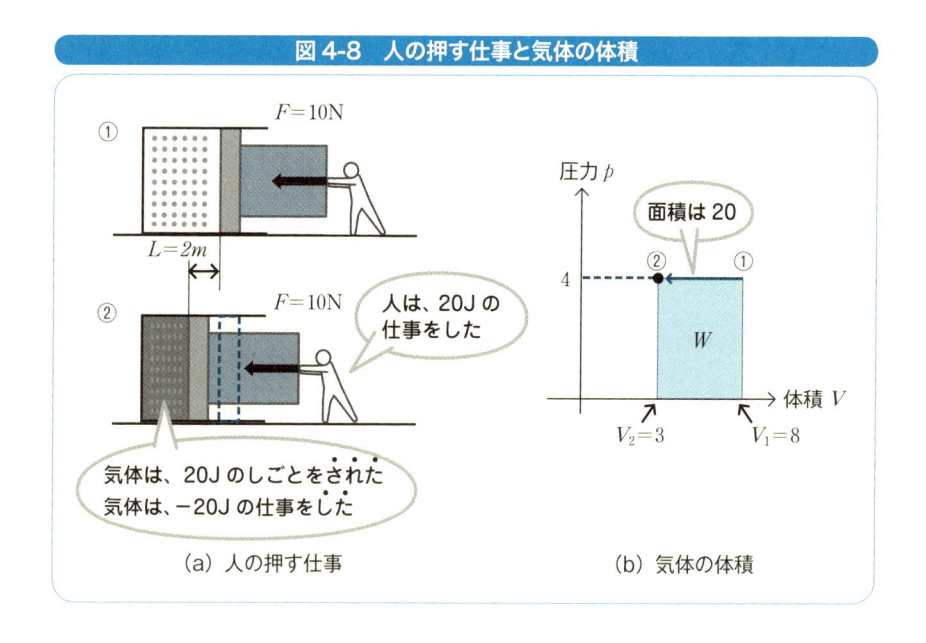

① $F=10\text{N}$、$L=2\text{m}$
② $F=10\text{N}$
人は、20Jの仕事をした
気体は、20Jのしごとをされた
気体は、−20Jの仕事をした

(b) 気体の体積：面積は20、$V_2=3$、$V_1=8$、$p=4$

(a) 人の押す仕事　　(b) 気体の体積

力が一定で $F=10\text{N}$、距離 $L=2\text{m}$ ならば、人のした仕事は、式（1-1）より $W = F \times L = 20\text{J}$ となります。逆にシリンダー内の気体は、20Jの仕事をされたことになります。熱力学では、

| 気体が20Jの仕事を外からされた | ➡ | 気体が−20Jの仕事を外にした |

気体のされた仕事　20J　　➡　　気体のした仕事 $W=-20$J
　　　　　　　　　　　　　➡　　気体の外部仕事 $W=-20$J

と表現し、気体が20Jの仕事をされた場合も、外部仕事 $W=-20$J として、式 (4-11) の $Q=\Delta U+W$ を使います。

ここで図4-8 (b) の気体の体積の変化を考えます。図4-8 (b) と第2章の図2-7のピストンの仕事と比較してみましょう。図2-7を下の図4-9(a) に示し、シリンダー内の気体の体積と圧力の例を図4-9 (b) に示します。図4-8と図4-9との大きな違いは、力の方向と体積変化の矢印の方向が、異なる点です。

図4-9　気体のした仕事と気体の体積（図2-7）

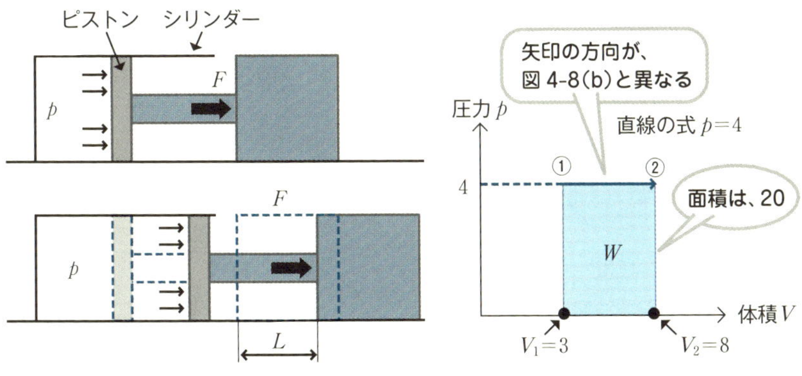

(a) 気体のした仕事

(b) 気体の体積

図4-9で気体の外部仕事を求めてみます。図4-9の場合は、気体の最初の体積 V_1 より最後の体積 V_2 は大きく、$V_1<V_2$ なので、気体は膨張したといいます。

気体の外部仕事は、2章で述べました $W=\int_{V_1}^{V_2} p dV$ の積分で求まり、図4-9 (b) の青色部分と面積と等しくなります。図4-9 (b) の場合で青色部分の面積は、縦4×横5で、20となり、図4-9 (b) の場合の積分は、

$$W = \int_{V_1}^{V_2} p\,dV = \int_3^8 4\,dV = 4\int_3^8 V^0\,dV = 4\times(8-3) = 20\text{J} \qquad (4\text{-}12)$$

（直線の式 $p=4$、1）

となります。つまり、気体は、20Jの仕事をしたということになります。一方、前図4-8（b）の場合は、気体の最初の体積 V_1 より最後の体積 V_2 は小さく、$V_1 > V_2$ で、気体は圧縮されたといいます。気体の外部仕事は、

$$W = \int_{V_1}^{V_2} p\,dV = \int_8^3 4\,dV = 4\int_8^3 V^0\,dV = 4\times(3-8) = -20\text{J} \qquad (4\text{-}13)$$

となり、気体は、－20Jの仕事をしたということになります。しかし、図の青色の面積は、20ですから、面積から外部仕事を求める場合には、面積の値に－をつけなければなりません。

気体が、－20Jの仕事をしたということは、気体は、20Jの仕事をされたということになります。これらの関係を図にすると、図4-10になります。

図4-10　気体のした仕事とされた仕事

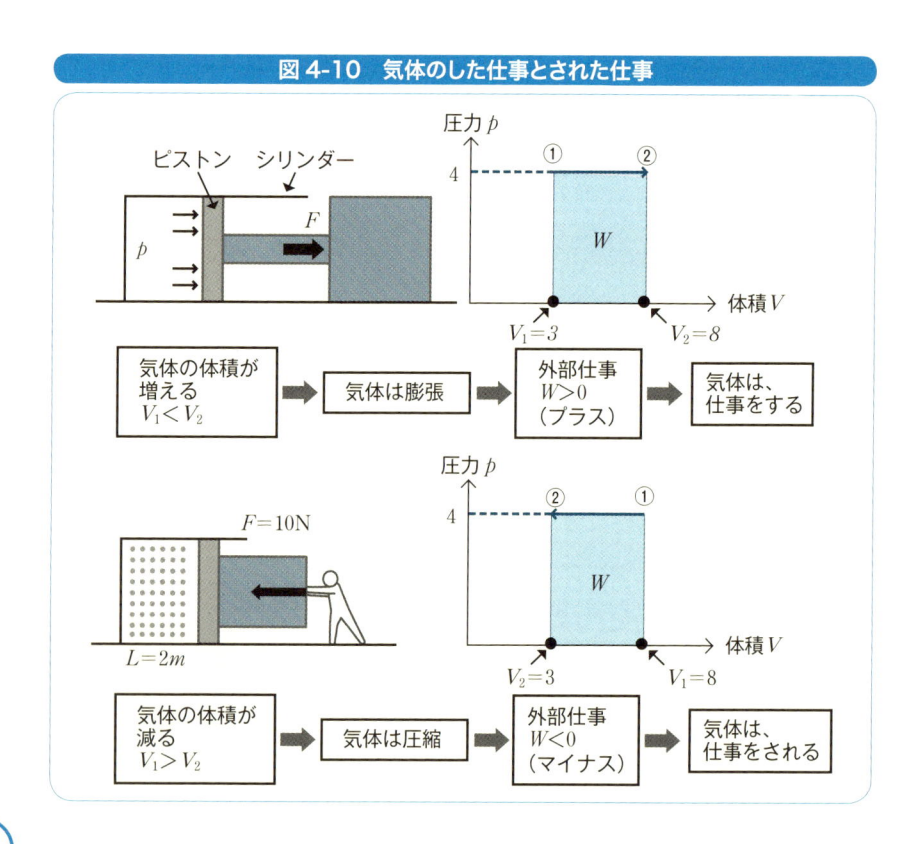

気体の体積が増える $V_1 < V_2$ ➡ 気体は膨張 ➡ 外部仕事 $W>0$（プラス）➡ 気体は、仕事をする

気体の体積が減る $V_1 > V_2$ ➡ 気体は圧縮 ➡ 外部仕事 $W<0$（マイナス）➡ 気体は、仕事をされる

4-4 エンタルピー

図4-9のように、シリンダー内の圧力が変わらないように、気体の体積を変化させるには、図4-11のように、気体をゆっくり加熱すれば可能です。ピストンは、徐々に上昇していきますが、ピストンとシリンダーの間に摩擦があってはいけません。その際の気体の温度と仕事と内部エネルギーの関係を考えてみましょう。

図4-11 圧力を変えずに気体を加熱

最初の状態
圧力は変わらない 圧力 $p_1=p_2$
摩擦ゼロ
最後の状態

ピストン
熱 Q
熱を加える
シリンダー

U_1：内部エネルギー
T_1：温度
V_1：体積

内部エネルギー増加量 ΔU
$\Delta U = U_2 - U_1$
温度上昇 $\Delta T = T_2 - T_1$
体積増加量 $\Delta V = V_2 - V_1$

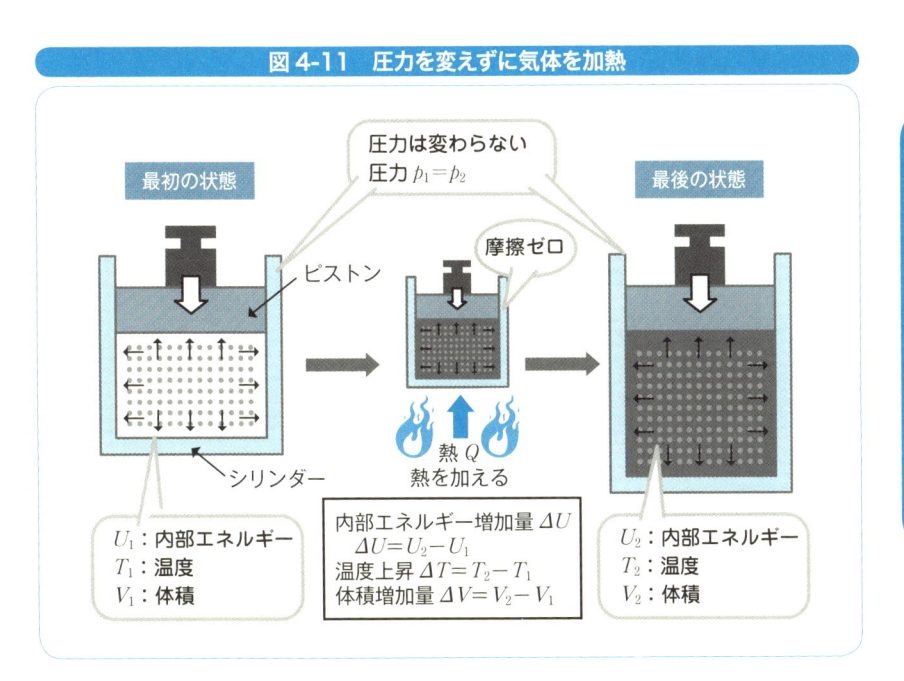

U_2：内部エネルギー
T_2：温度
V_2：体積

図4-11の場合、圧力は変わりませんので、$p_1=p_2$です。気体の外部仕事 W は、2章の式（2-13）の $W = p \cdot (V_2 - V_1) = p \cdot \Delta V$ より、

圧力は一定；$p_1 = p_2 = p$

$$W = p \Delta V = p \cdot (V_2 - V_1) = (p_2 \cdot V_2) - (p_1 \cdot V_1) \tag{4-14}$$

式(4-14)を式(4-11)の熱力学第1法則の $Q=\Delta U+W$ に代入し、

$$Q=\Delta U+W=\overbrace{(U_2-U_1)}^{\Delta U}+\overbrace{(p_2\cdot V_2)-(p_1\cdot V_1)}^{W}$$
$$=(U_2+p_2\cdot V_2)-(U_1+p_1\cdot V_1) \tag{4-15}$$

(上式(4-14)を代入 / 並びを変える)

ここで、$U+p\cdot V$ を一つのものと考え、

$$H=U+p\cdot V \tag{4-16}$$

と定義すると、式(4-15)は、

$$Q=H_2-H_1=\Delta H \tag{4-17}$$

となります。このとき H は**エンタルピー**といい、圧力 p と体積 V との積に内部エネルギー U を加えた量です。式(4-17)から、外部からの加熱量は、エンタルピーの変化量に等しいことがわかります。エンタルピーは、圧力が一定の状態の問題を解く場合、とても便利に使えます。

図4-4で体積が変わらない場合の比熱を求めたように、図4-11の圧力が変わらない場合の比熱 C_p を求めると、式(4-5)と式(4-17)から、式(4-18)となります。気体の圧力が一定の場合、前式(4-17) $Q=\Delta H$ から、式(4-18)の最後の式のように ΔH を使って、比熱 C_p は求まります。

$$\underset{\text{定圧比熱}}{C_p}=\frac{Q}{\underset{\text{質量}}{m}\times \underset{\text{温度差}}{\Delta T}}=\frac{\overset{\text{エンタルピー 式(4-17)}}{\Delta H}}{m\times \Delta T} \tag{4-18}$$

式(4-18)の C_p は、圧力が変わらない場合の比熱で、**定圧比熱**といいます。C_p の添え字のpは、pressure（圧力）という意味です。気体が理想気体の場合には、エンタルピーの増加量 ΔH は、式(4-18)の両辺に $m\cdot \Delta T$ をかけた次式で求めることができます。

エンタルピーの増加量：$\Delta H = m \cdot C_p \cdot \Delta T$ （4-19）

- H：エンタルピー 式（4-17）
- 定圧比熱
- 質量
- 温度差 $\Delta T = T_2 - T_1$

次に、上式（4-18）の定圧比熱 C_p と式（4-6）の定積比熱 C_v の差を考えてみましょう。

式（4-16）$H = U + p \cdot V$ を代入

$$C_p - C_v = \frac{\Delta H}{m \cdot \Delta T} - \frac{\Delta U}{m \cdot \Delta T} = \frac{\Delta U + \Delta(p \cdot V)}{m \cdot \Delta T} - \frac{\Delta U}{m \cdot \Delta T}$$

$$= \frac{1}{m} \cdot \frac{\Delta(p \cdot V)}{\Delta T} = \frac{1}{m} \cdot \frac{m \cdot R_g \cdot \Delta T}{\Delta T} = R_g$$

式（3-24）から、$\Delta(p \cdot V) = m \cdot R_g \cdot \Delta T$

したがって、

- 定圧比熱
- 定積比熱
- 気体定数 式（3-14）

$$C_p - C_v = R_g \tag{4-20}$$

この関係を**マイヤーの関係**と呼びます。ここで、次式の比熱比 κ（カッパー）を定義すると、

$$\text{比熱比} \quad \kappa = \frac{C_p}{C_v} \tag{4-21}$$

上式（4-20）に式（4-21）を代入すると、

$$C_v = \frac{R_g}{\kappa - 1} \tag{4-22}$$

$$C_p = \frac{\kappa \cdot R_g}{\kappa - 1} \tag{4-23}$$

になります。これらの関係は、6章で利用します。ちなみに、窒素や酸素や空気の比熱比 κ(カッパー) は、「1.4」です。

したがって、式（4-8）$\Delta U = m \cdot C_v \cdot \Delta T$ の両辺を $m \cdot C_v$ で割り、

$$\Delta T = \frac{\Delta U}{m \times C_v} \tag{4-24}$$

式（4-24）に、式（4-11）の $Q = \Delta U + W$ の両辺から W を引いた $\Delta U = Q - W$ を、代入すると、次式になります。

$$\Delta T = \frac{Q - W}{m \cdot C_v} \tag{4-25}$$

この式の $Q-W$ に注目すると、空気の温度を上げるためには、外部仕事をしない（$W=0$）で、気体に熱量 Q を加えるか、あるいは、気体を加熱や冷却をしない（$Q=0$）で負の仕事 W（$-W$）をすればよいです。負の仕事 W をするという意味は、図4-8にありますが、図4-12のように気体を圧縮することです。

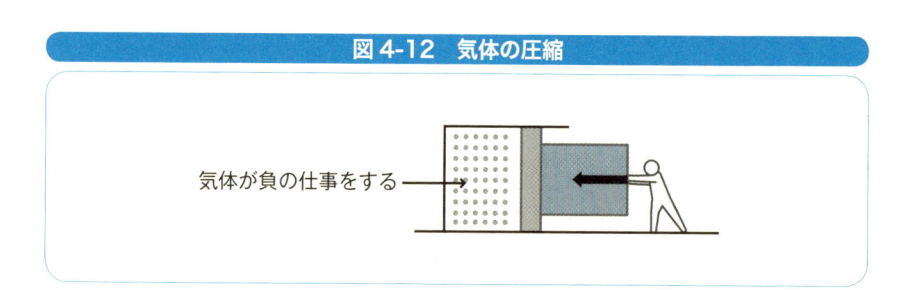

図4-12　気体の圧縮

図4-13のように自転車のタイヤに空気を入れるとき、空気入れが熱くなっているのを経験したことがあるでしょう。

図4-13　自転車の空気入れ

この原理で、暖房エアコンは、エアコンの中の気体を温かくして部屋を暖めます。図4-14のエアコン室外機の中には、圧縮機が入っています。コンプレッサーともいいますが、この圧縮機では、エアコンの中の気体を図4-12のように圧縮して、気体の温度を上げます。この温度の高い気体をパイプで、室内機に送り込み、部屋を暖めます。

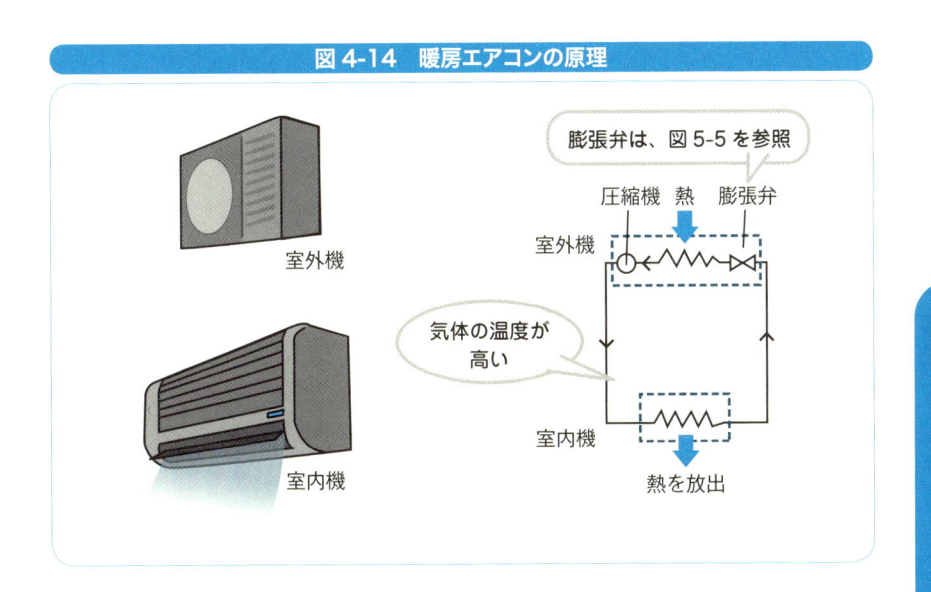

図4-14　暖房エアコンの原理

4-5 わずかな変化

Q:「5℃の部屋の温度を20℃上げる」を、最初の部屋の温度 T_1、最後の温度 T_2、温度差 ΔT を使って、式で表わしましょう。

A: $T_1 = 5℃$、$\Delta T = (T_2 - T_1) = 20℃$　より、次式になります。

$$T_2 = T_1 + \Delta T = 5 + 20 = 25℃$$

お助け解説

　このように、差や変化量を示すとき、「Δ」を使います。差や変化は、英語では、differenceですが、その頭文字「d」に対応するギリシャ文字は、付表1にあるように、大文字が「Δ」(デルタ)で、小文字が「δ」(デルタ)です。したがって、「Δ」と「d」と「δ」は変化量や小量を表わします。ほとんど同じ意味に使われる場合も多いですが、その変化量がきわめて小さい場合に、ΔT を dT というように書きます。少量の場合に、δ を使い、δQ や δW と表現します。熱力学でもっとも大切な法則の**熱力学第1法則**を、式（4-11）では次式のように示しました。

（4-11）より　　$Q = \Delta U + W$　　　　（4-26）

（加熱量）（内部エネルギーの増加量）（外部仕事）

これを、わずかな量を考える場合、次式で表現します。

$\delta Q = dU + \delta W$　　　　（4-27）

（加熱量）（内部エネルギーの増加量）（外部仕事）

この式の中には、dとδ(デルタ)とが混在しています。dUは、内部エネルギーのわずかな**変化量（増加量）**ですが、δQとδWは、変化量でなく、わずかな加熱量と仕事量です。熱Qや仕事Wは、温度Tや内部エネルギーUと違う特異な性質をもっています。その性質を明確にするために、δを使い、δQやδWと表現します。δQやδWの性質を次章では見ていきましょう。

　　わずかな変化量：dU
　　わずかな量：δQ、δW

第5章

出したおならを
おしりに戻せますか？
熱力学第2法則

おしりから出るおならを熱力学的に考えると、熱力学がわかります。

5-1 永久機関

　外部からエネルギーや熱を受け取ることなく、仕事をする機械を**永久機関**といいます。

　私たちは何も食べないで仕事をすると、体重が減りますね。熱力学的にいうと、内部エネルギーが減少するということになります。つまり、「ご飯を食べないと、ずっと働けません」。仕事をするには外部からエネルギーが必要になります。

　ここで問題です。おならを何のエネルギーを使わないでおしりに戻せますか？　おならをしたあと、エネルギーを使わないで、その出したおなら粒子をおしりにもどせる機械があるとしたら、その機械も**永久機関**の一例といえます。

図 5-1　おならをエントロピーで考える

　当然おならは、自然にはお尻の穴には戻りません。このおならの問題は、熱力学では、エントロピーという量を使って考えます。エントロピーは、「S」で表わし、熱力学では一番分かりにくい概念ですが、もっとも便利なものの1つです。この章ではそのエントロピーを説明します。

5-2 エントロピー

エントロピー S は、分子の**乱雑さ**を表わす量です。**分子の捕まえにくさ（自由度）**と考えるとイメージしやすいです。おならの問題を次の図のような金魚の水槽の仕切りのあみをゆっくり移動した場合に置き換えてみましょう。

金魚を捕まえようとするとき、両方の金魚の泳ぐ速さが同じとすると、右図のほうが、金魚は捕まえにくくなります。つまり、右のほうが乱雑であり、エントロピー（**乱雑さ**を表わす量）は、右のほうが大きくなります。

図 5-2　エントロピーのイメージ

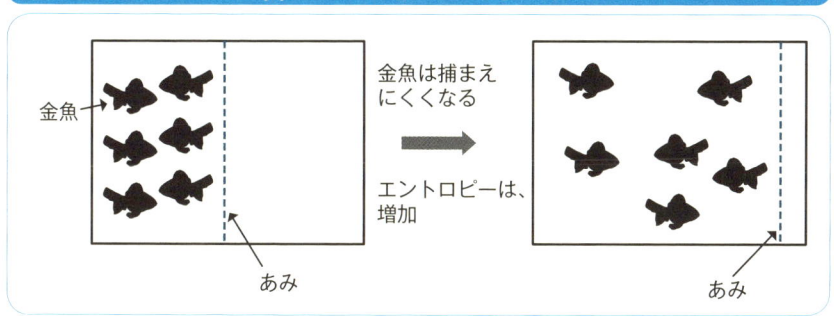

金魚　金魚は捕まえにくくなる　エントロピーは、増加　あみ　あみ

これを、ピストンとシリンダーを使い、熱力学的に考えてみると、図5-3になります。ピストンがシリンダー内をゆっくり動き、A室が広がります。

図 5-3　ピストン内の気体の膨張

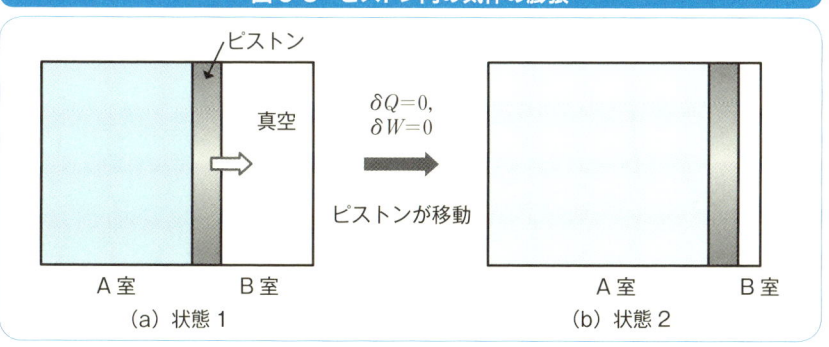

ピストン　真空　$\delta Q = 0$, $\delta W = 0$　ピストンが移動　A室　B室　A室　B室
(a) 状態1　(b) 状態2

図5-3のB室は、真空である必要はありませんが、分かりやすく真空であると仮定しましょう。ピストンは、外部仕事δWをしないで、加えた熱量δQもない場合、$\delta Q=0$、$\delta W=0$ですので、4章の式（4-27）の**熱力学第1法則**から内部エネルギーの増加量は、$dU=0$となります。

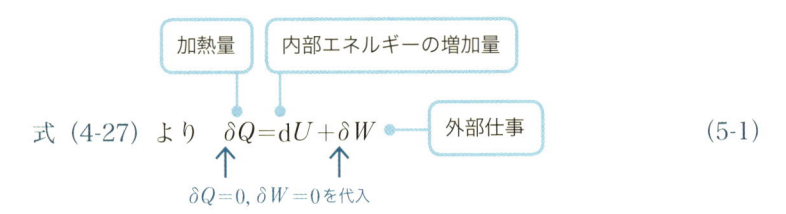

式（4-27）より $\delta Q = dU + \delta W$ (5-1)

- 加熱量
- 内部エネルギーの増加量
- 外部仕事
- $\delta Q=0, \delta W=0$ を代入

つまり、エネルギー的には、図5-3（a）も（b）も等しいことになります。しかし、中の分子は、明らかに右のほうが捕まえにくいです。したがって、エントロピーは、右のほうが大きくなります。しかし、外からの助けがなければ、図5-3（b）の状態から（a）の状態には戻せません。これを**不可逆変化**、あるいは**不可逆過程**といいます。

Q 図5-3（a）から（b）で、エントロピーはどのくらい増加しましたか？

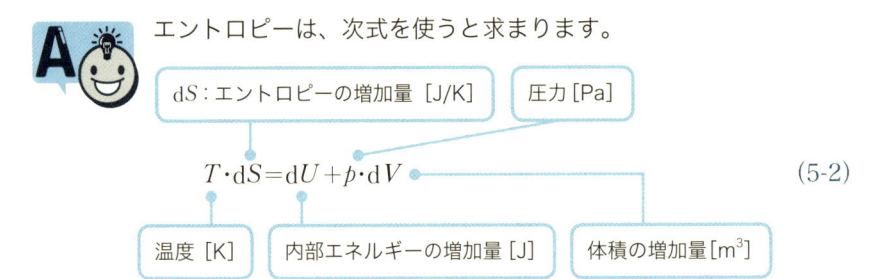

A エントロピーは、次式を使うと求まります。

$$T \cdot dS = dU + p \cdot dV \quad (5\text{-}2)$$

- dS：エントロピーの増加量 [J/K]
- 圧力 [Pa]
- 温度 [K]
- 内部エネルギーの増加量 [J]
- 体積の増加量 [m³]

お助け解説

ただし、エントロピーは、はじめ、次式の形で提案されたものです。

$$dS = \frac{\delta Q}{T} \qquad \left[単位 : \frac{J}{K} \right] \tag{5-3}$$

- dS：エントロピーの増加量
- δQ：加熱量 [J]
- T：温度

熱量 Q の単位は [J]、温度 T の単位は [K] ですので、エントロピー S の単位は、上式から [J/K] になります。しかし、式 (5-3) は定義でありながら、絶対的に成り立つ式ではありません。例えば、図5-3の場合、加熱量 $\delta Q = 0$ ですので、式 (5-3) は、

$$\frac{\delta Q}{T} = 0 \tag{5-4}$$

となります。ところが、図5-3 (a) より (b) のほうが「分子のつかまえにくさ」は大きいです。したがって、エントロピーは、図5-3 (b) のほうが大きくなりますので、

$$増加量\ dS = S_2 - S_1 > 0 \tag{5-5}$$

- S_2：図5-3 (b) 状態2のエントロピー
- S_1：図5-3 (a) 状態1のエントロピー

ここで、式 (5-3) と式 (5-4) から、次の関係があることがわかります。

$$dS > \frac{\delta Q}{T} \tag{5-6}$$

したがって、式 (5-3) $dS = \frac{\delta Q}{T}$ は、図5-3の変化では成り立ちません。式 (5-3) は、6章の**可逆変化**でのみ成り立ちます。

6章の可逆変化を考える前に、次節では、エントロピーの増加量 dS の数値を求めてみましょう。

第5章 出したおならをおしりに戻せますか？

5-3 エントロピーを求めてみよう

エントロピーの増加量dSを求めるために必要な式は、

　式（5-1）の熱力学第1法則　$\delta Q = dU + \delta W$

　式（5-2）のエントロピーの式　$T \cdot dS = dU + p \cdot dV$

　式（3-24）の理想気体の状態方程式　$p \cdot V = m \cdot R_g \cdot T$

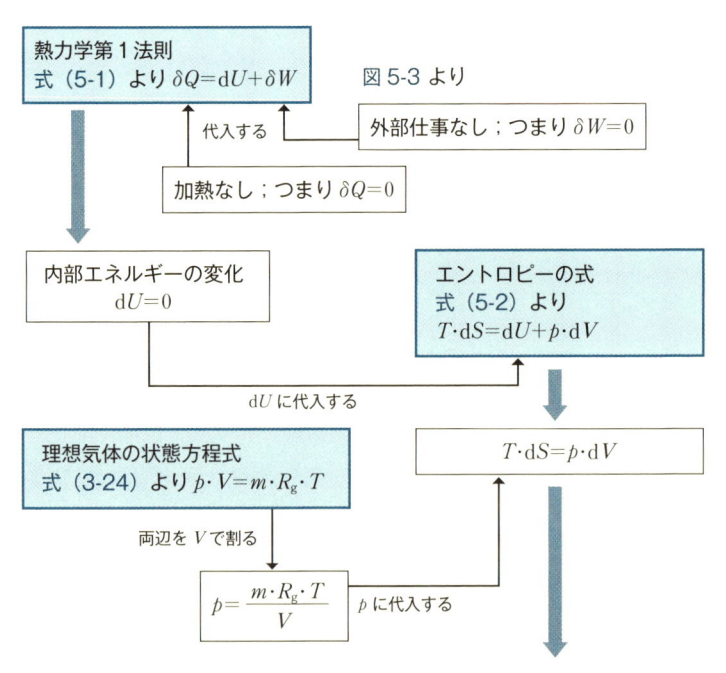

です。これらの式を使って、エントロピーの求め方を以下に示しますが、完全に分からなくても結構です。以下の説明の最後の式で、エントロピーが増大（$\Delta S > 0$）するのを認識してください。ただし、説明中に出てくる式（5-7）は、7章以降の熱力学の応用で利用します。

〈エントロピーの求め方〉

熱力学第1法則
式（5-1）より $\delta Q = dU + \delta W$

図5-3 より

代入する　外部仕事なし；つまり $\delta W = 0$

加熱なし；つまり $\delta Q = 0$

内部エネルギーの変化
$dU = 0$

エントロピーの式
式（5-2）より
$T \cdot dS = dU + p \cdot dV$

dU に代入する

理想気体の状態方程式
式（3-24）より $p \cdot V = m \cdot R_g \cdot T$

両辺を V で割る

$p = \dfrac{m \cdot R_g \cdot T}{V}$

p に代入する

$T \cdot dS = p \cdot dV$

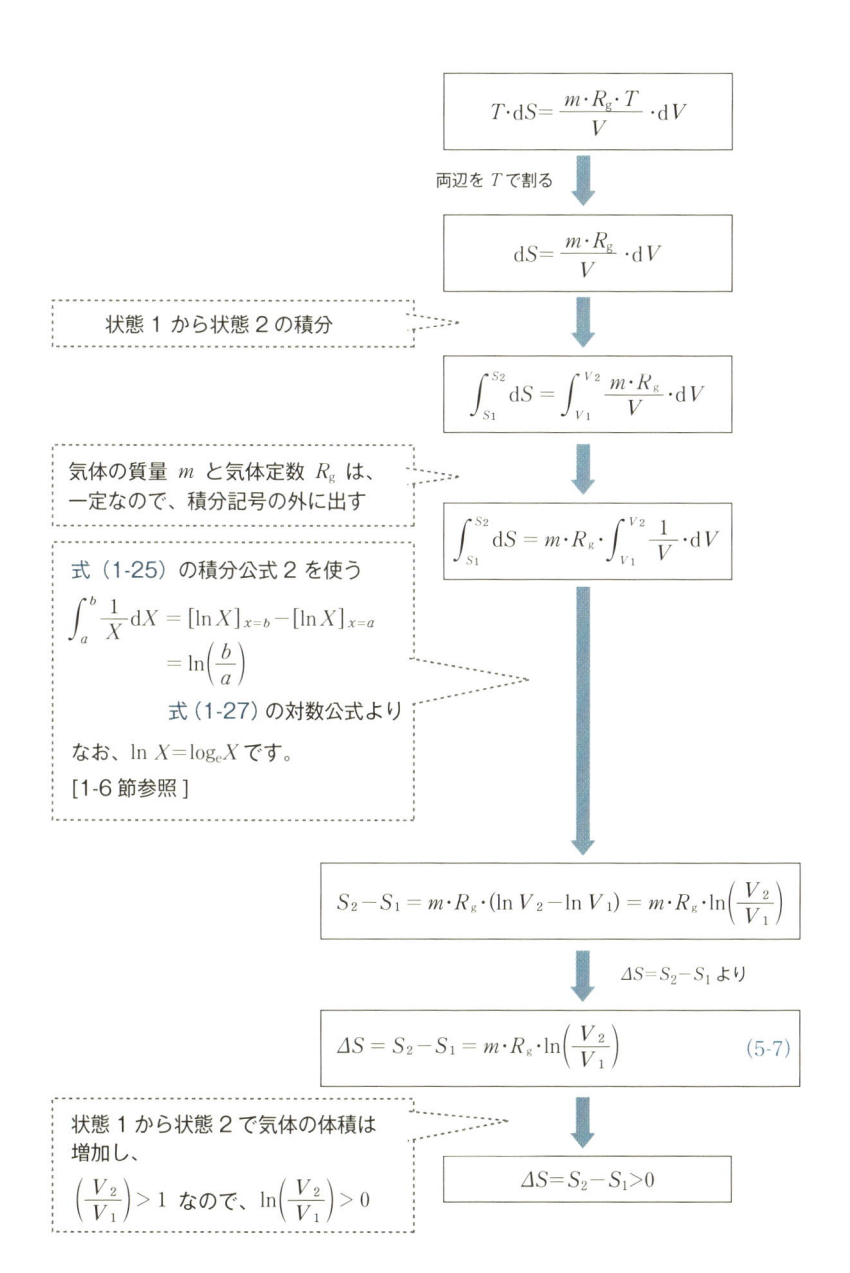

$$T \cdot dS = \frac{m \cdot R_g \cdot T}{V} \cdot dV$$

両辺を T で割る

$$dS = \frac{m \cdot R_g}{V} \cdot dV$$

状態 1 から状態 2 の積分

$$\int_{S_1}^{S_2} dS = \int_{V_1}^{V_2} \frac{m \cdot R_g}{V} \cdot dV$$

気体の質量 m と気体定数 R_g は、一定なので、積分記号の外に出す

$$\int_{S_1}^{S_2} dS = m \cdot R_g \cdot \int_{V_1}^{V_2} \frac{1}{V} \cdot dV$$

式（1-25）の積分公式 2 を使う
$$\int_a^b \frac{1}{X} dX = [\ln X]_{x=b} - [\ln X]_{x=a}$$
$$= \ln\left(\frac{b}{a}\right)$$
式（1-27）の対数公式より

なお、$\ln X = \log_e X$ です。
[1-6 節参照]

$$S_2 - S_1 = m \cdot R_g \cdot (\ln V_2 - \ln V_1) = m \cdot R_g \cdot \ln\left(\frac{V_2}{V_1}\right)$$

$\Delta S = S_2 - S_1$ より

$$\Delta S = S_2 - S_1 = m \cdot R_g \cdot \ln\left(\frac{V_2}{V_1}\right) \tag{5-7}$$

状態 1 から状態 2 で気体の体積は増加し、
$\left(\frac{V_2}{V_1}\right) > 1$ なので、$\ln\left(\frac{V_2}{V_1}\right) > 0$

$$\Delta S = S_2 - S_1 > 0$$

したがって、エントロピーは、増大します。

第 5 章 出したおならをおしりに戻せますか？

5-4 ジュールの実験

ジュールは、19世紀中頃におならの実験と同様な実験を行いました。しかし、実際におならで実験をしたわけではありません。図5-4の実験を行いました。

図 5-4　ジュールの実験

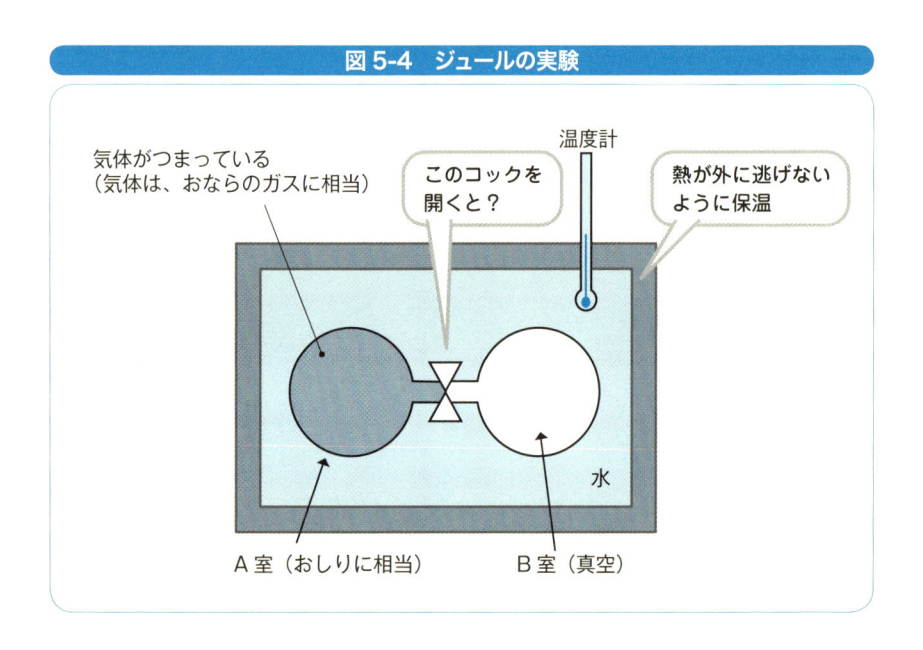

- 気体がつまっている（気体は、おならのガスに相当）
- このコックを開くと？
- 温度計
- 熱が外に逃げないように保温
- 水
- A室（おしりに相当）
- B室（真空）

図5-4において、容器内の気体は、容器外部に対して仕事をしていませんので、外部仕事$\delta W = 0$です。また、熱は容器の外へ逃げたり、外から加熱されたりしていませんので、$\delta Q = 0$です。したがって、式（4-27）の熱力学第1法則$\delta Q = dU + \delta W$と、$\delta Q = 0$、$\delta W = 0$から、次式のように内部エネルギーの増加量dUは、0となります。

> 加熱量 $\delta Q=0$　外部仕事 $\delta W=0$
>
> $\delta Q = \mathrm{d}U + \delta W$　➡　$\mathrm{d}U = 0$　　　　　　(5-8)
>
> 内部エネルギーの増加量

　この条件で、ジュールは、図5-4の閉じてあるコックをゆっくり開きました。しかし、水の温度は変わりませんでした。つまり、気体の温度は、変化しなかったのです。これを**ジュールの実験**と呼び、熱力学を理解する上でとても大切な実験です。

　ここで、式 (4-8) の $\Delta U = m \cdot C_\mathrm{v} \cdot \Delta T$ の ΔU と ΔT は増加量なので、$\mathrm{d}U$ と $\mathrm{d}T$ で置き換えることができます（式 (5-9)）。したがって、式 (5-8) $\mathrm{d}U=0$ より、式 (4-24) に代入すると、$\mathrm{d}T=0$ となります。つまり、図5-4において、温度変化が起こらなかったことを意味します。

> 式 (5-8) $\mathrm{d}U=0$　　温度変化なし
>
> 式 (4-24) より　$\mathrm{d}T = \dfrac{\mathrm{d}U}{m \cdot C_\mathrm{v}}$　➡　$\mathrm{d}T = 0$　　　(5-9)

　ただし、温度が下がらなかったのは、容器の中にいれていた気体が、空気で理想気体に近かったからです。もし、気体が、理想気体でない場合は、温度は下がります。その温度が下がる現象を、**ジュール・トムソン効果**と呼びます。例えば、エアコンや冷蔵庫の中の気体は、非理想気体です。膨張弁では、その効果を利用して、エアコンのパイプ内の冷媒の温度を下げています。ジュール・トムソン効果のトムソンも人の名前です。

図5-5　ジュール・トムソン効果を使っている冷房エアコン

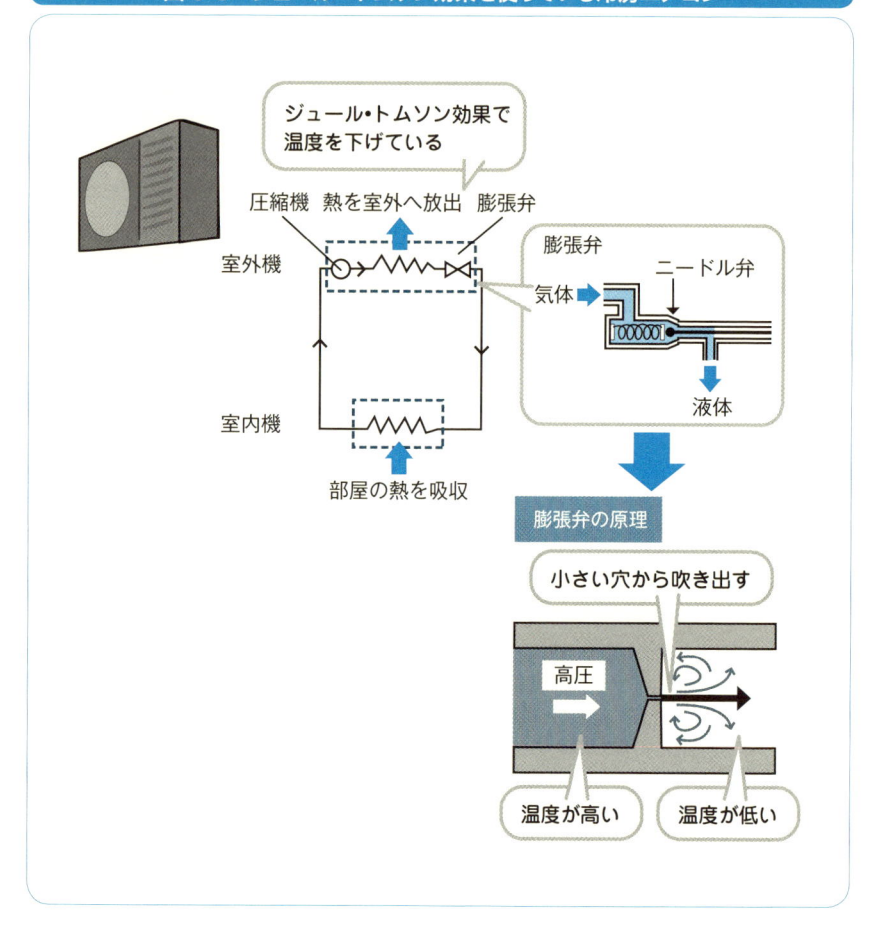

5-5 熱力学第2法則

おならをおしりから出すようなイメージの図5-6は、小さな穴から気体が噴き出す場合です。図5-7のように、おならが部屋に広がる現象を**拡散**といいます。図5-8のように、熱いものから冷たいものへ、熱が伝わる現象を**熱伝導**といいます。図5-9のように水素と酸素から水ができる現象を、**反応**といい、9章で出てきます。図5-10は、2章で説明したピストンとシリンダー間に**摩擦**がある場合です。これらの変化は、自然には元に戻らない不可逆変化で、箱の中のエネルギーの損失はありませんが、エントロピーは増大します。

以上のような変化は、どこにでもある自然な流れですが、自然な流れでは、必ずエントロピーは増大します。このように自然現象の進む方向を示すのが、**熱力学第2法則**です。

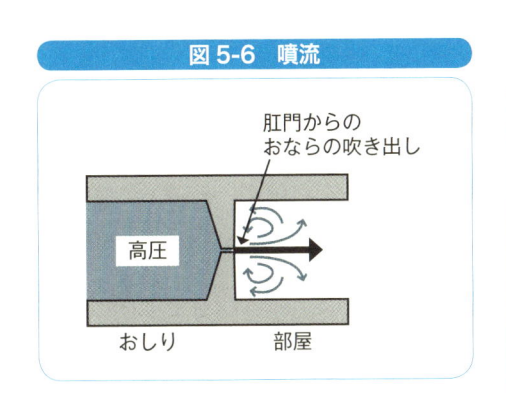

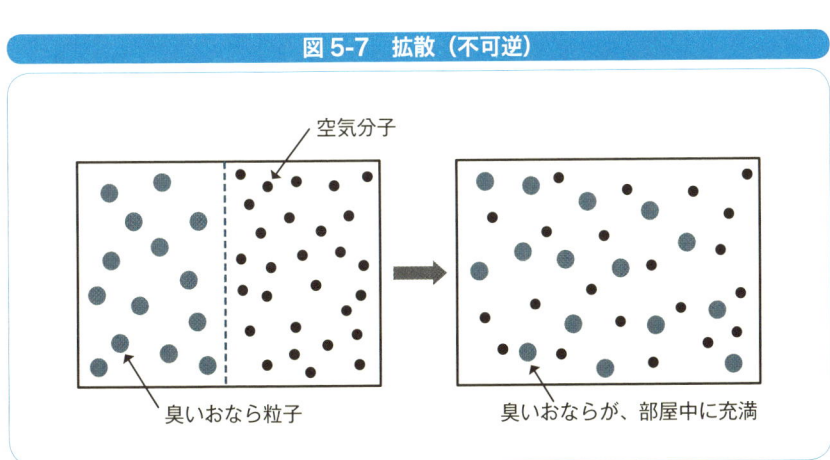

図 5-6 噴流

肛門からのおならの吹き出し
高圧
おしり　部屋

第5章　出したおならをおしりに戻せますか？

図 5-7 拡散（不可逆）

空気分子
臭いおなら粒子
臭いおならが、部屋中に充満

図 5-8　熱伝導（不可逆）

50°C　→　0°C　　　25°C ┊ 25°C

熱いものから
冷たいものへ熱が移動　　温度が一様になる

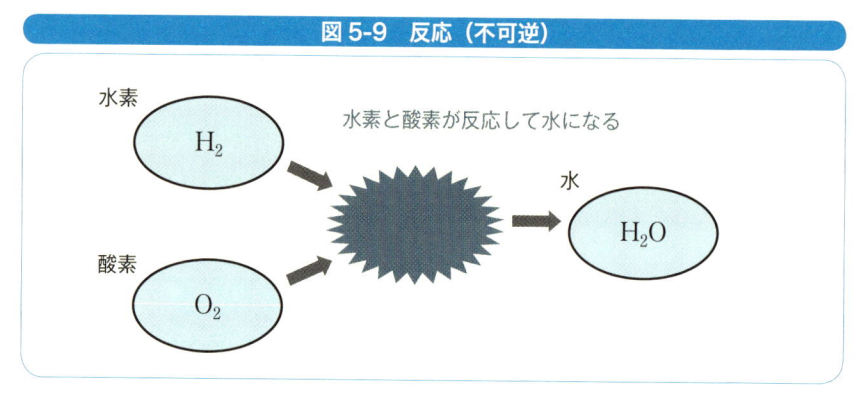

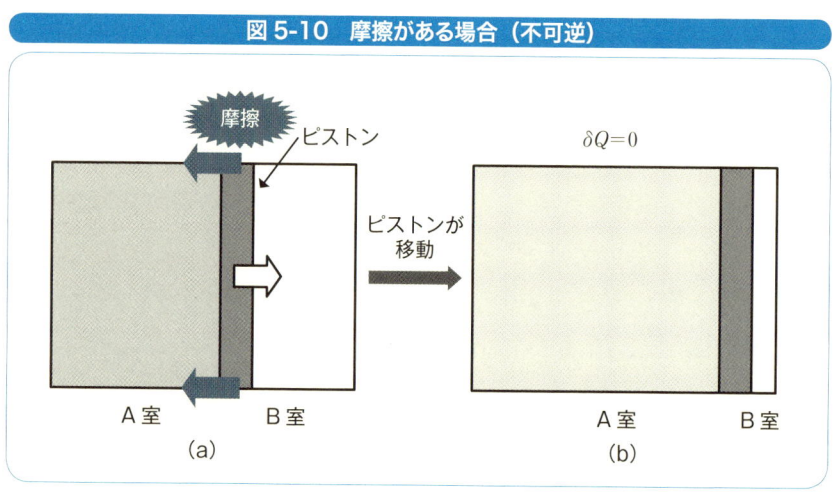

図 5-9　反応（不可逆）

水素　H₂

水素と酸素が反応して水になる

酸素　O₂

水　H₂O

図 5-10　摩擦がある場合（不可逆）

摩擦　ピストン　　　　$\delta Q = 0$

ピストンが移動

A室　B室　　　　A室　B室
(a)　　　　　　(b)

お助け解説

　図5-10は、代表的な不可逆過程です。部屋内の気体が理想気体の場合、図5-10（a）も（b）も内部エネルギーと温度は等しいと5-4節で述べました。しかし、圧力は、図5-10（b）のほうが下がります。では、「どのくらい圧力が下がるか？」を次章でそれを考えてみましょう。

エアコンの効率は、1以上？ ― 熱力学の使われ方 ―

　エアコンを買うとき、図のようなカタログで**エネルギー消費効率**という数値を目にします。例えば図のエアコンの効率は6で1以上になっています。効率が1以上ということは、熱力学の第2法則に反しませんか？ つまり、エアコンは永久機関になってしまいませんか？ これは、効率の定義からくる錯覚です。

図5-11　冷暖房エアコン

冷房能力	冷房 電気特性		エネルギー消費効率（冷房効率）	暖房能力	暖房 電気特性		エネルギー消費効率（暖房効率）
	消費電力	力率			消費電力	力率	
kW	W	%		kW	W	%	
2.2	350	90	6.29	2.5	370	90	6.76

（a）エアコンのカタログ

第5章　出したおならをおしりに戻せますか？

（b）暖房エアコン　　　　（c）冷房エアコン

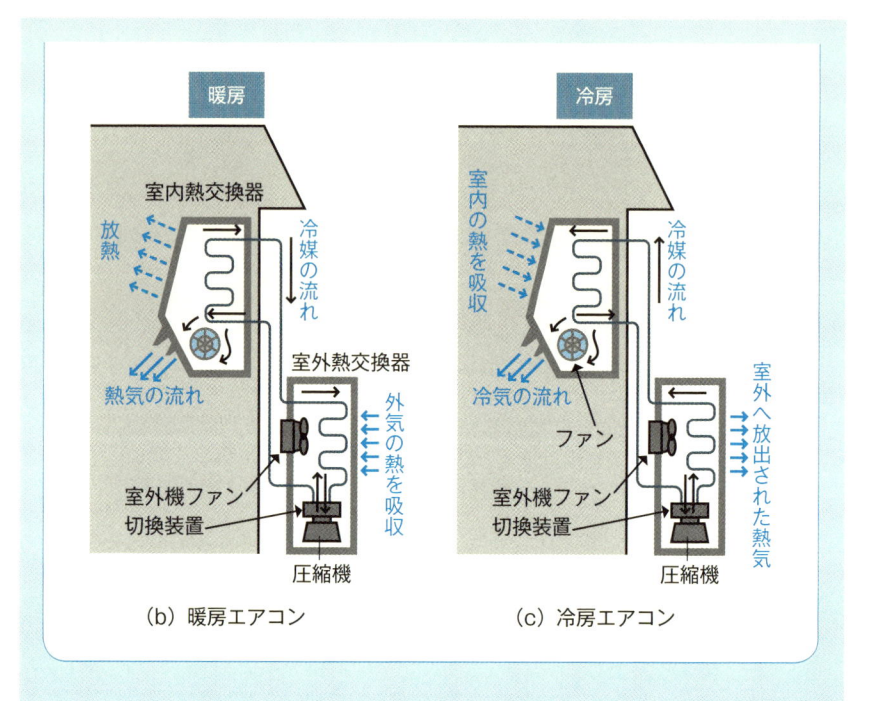

　図5-11（b）のように冬にエアコンを使う場合、エアコンは、外気の熱を吸収します。そして、室内で、熱を放出し、室内を暖めます。したがって、エアコンの暖房効率は、次式になります。

$$暖房効率 = \frac{暖房能力}{モーターの消費電力} = \frac{室内に放出した熱量}{モーターの仕事}$$

　一方、図5-11（c）のように夏にエアコンを冷房場合として使う場合の効率は、冷房効率と言われ、次式になります。

$$冷房効率 = \frac{冷房能力}{モーターの消費電力} = \frac{室内で吸収した熱量}{モーターの仕事}$$

　エアコンは、ヒートポンプとも呼ばれ、熱移動のベルトコンベアのようなものです。大きな熱量を小さなモーターで運ぶことができますので、効率は1以上になります（図5-12）。

図 5-12　熱量を運ぶベルトコンベアがエアコン

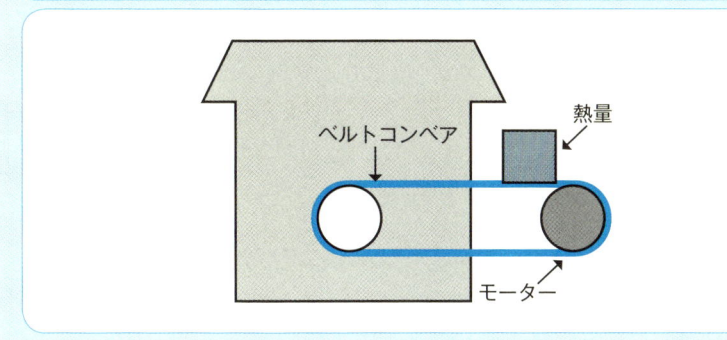

　現在のエアコンのカタログには、通年エネルギー消費効率という数値のみがカタログに載っていて、暖房効率と冷房効率は明確になっていません。もしエアコンを買う場合、冷房を重視するか、暖房を重視するかで選ぶエアコンの機種を考えてみるのもよいでしょう。

第6章

出したおならを おしりに戻せます！

4つの変化

おしりから出したおならを、エネルギーを使わないでおしりに戻すには、どのような条件があるのでしょうか？

6-1 圧力は、どうなるの?

ここでは可逆と不可逆に注目してみましょう。

図6-1は、図5-10と同じで、代表的な不可逆過程です。

図 6-1　摩擦があるときの気体の膨張

加熱量　$\delta Q = 0$
外部仕事 $\delta W = 0$

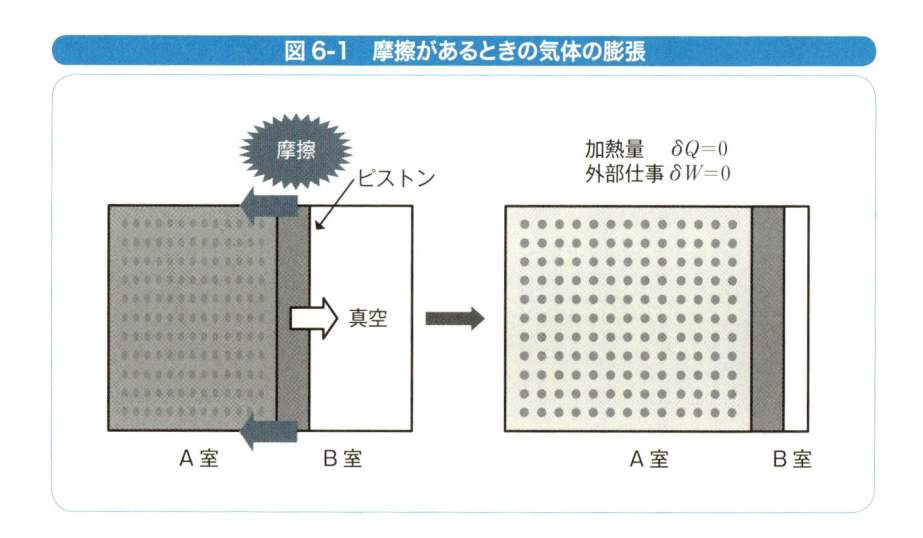

Q: 図6-1は摩擦があるときの気体の膨張ですが、気体の圧力と温度は、どうなるのでしょうか?

A: 図5-4のジュールの実験で実証されたように、容器内の気体の圧力は減りますが、温度は変わりません。

お助け解説

　図6-1のB室は、真空である必要はありませんが、分かりやすく真空と仮定し、A室の気体は、理想気体としましょう。図6-1において、外部仕事$\delta W=0$で、加熱量$\delta Q=0$ですから、図5-4のジュールの実験で式（5-8）にあるように、内部エネルギーの増加量$dU=0$で、式（5-9）のように$dT=0$となり、温度変化は起こりません。このように温度が変わらない気体の変化を、**等温変化**と呼びます。その等温変化の表現には、

Cは、一定という意味

$$T_1=T_2、T=一定、T=C、dT=0、\Delta T=0 \tag{6-1}$$

があります。したがって、等温変化では、式（3-24）の理想気体の状態方程式「$p \cdot V = m \cdot R_g \cdot T$」の右辺の気体の質量$m$、気体定数$R_g$、温度$T$は、一定なので、

$$m \cdot R_g \cdot T = 一定 \tag{6-2}$$

となり、等温変化では、$p \cdot V = m \cdot R_g \cdot T$の左辺の圧力$p$と体積$V$は、

圧力　体積

$$p \cdot V = 一定 \tag{6-3}$$

の関係となります。この式（6-3）は、

$$p \cdot V = C、\quad p = \frac{C}{V} \tag{6-4}$$

とも書けますが、圧力pと体積Vの関係をpV線図に描けば、図6-2となります。例えば、図6-2にあるように、$V_1=1\text{m}^3$、$V_2=2\text{m}^3$と、体積が2倍になれば、$\left(\dfrac{V_1}{V_2}\right)=0.5$になり、圧力$p_2$は、$p_1$の半分になります。

図6-2 不可逆変化の仕事

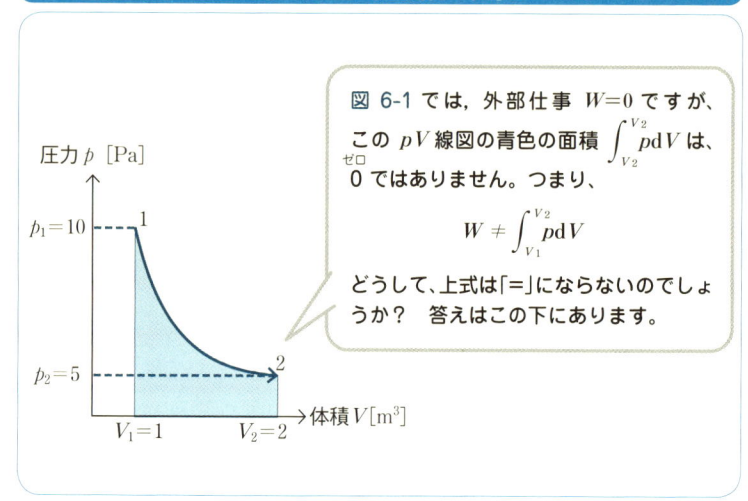

圧力 p [Pa]

$p_1 = 10$ — 1

$p_2 = 5$ ------ 2

$V_1 = 1$　$V_2 = 2$　体積 V [m³]

図6-1 では，外部仕事 $W=0$ ですが、この pV 線図の青色の面積 $\int_{V_1}^{V_2} p\,dV$ は、0 ではありません。つまり、

$$W \neq \int_{V_1}^{V_2} p\,dV$$

どうして、上式は「＝」にならないのでしょうか？　答えはこの下にあります。

つまづき注意！　2章2-3節で、外部仕事は、$W = \int_{V_1}^{V_2} p\,dV$ で青色の面積と等しいと習いましたが、図6-2では外部仕事はゼロ（$W=0$）で $W \neq \int_{V_1}^{V_2} p\,dV$ です。どうして矛盾するのでしょうか？

お助け解説

　図6-1は、5章5-5節の不可逆変化の一つで、その理由はピストンとシリンダー間に摩擦があるからです。圧力の積分の式 $\int_{V_1}^{V_2} p\,dV$ がつかえるのは、図6-3のようにシリンダーとピストンの間に **摩擦がない状態** で、ゆっくり外部仕事をさせた場合です。図6-3のような摩擦がない場合、外部仕事が

$$W = \int_{V_1}^{V_2} p\,dV \tag{6-5}$$

となり、下図6-4のように求まります。

図6-3 摩擦がないときの気体の変化

最初の状態 → **最後の状態**

内部エネルギー U_1 [J] → 内部エネルギー U_2 [J]

内部エネルギー増加量 $\Delta U = U_2 - U_1 = 0$

仕事 W [J]

熱 Q [J]

温度が変わらないように加熱する

シリンダーとピストンの間に摩擦がない

図6-4 圧力での仕事

$$W = \int_{V_1}^{V_2} p\,dV$$

圧力 p [Pa]

体積 V [m³]

この面積が、ピストンのした仕事

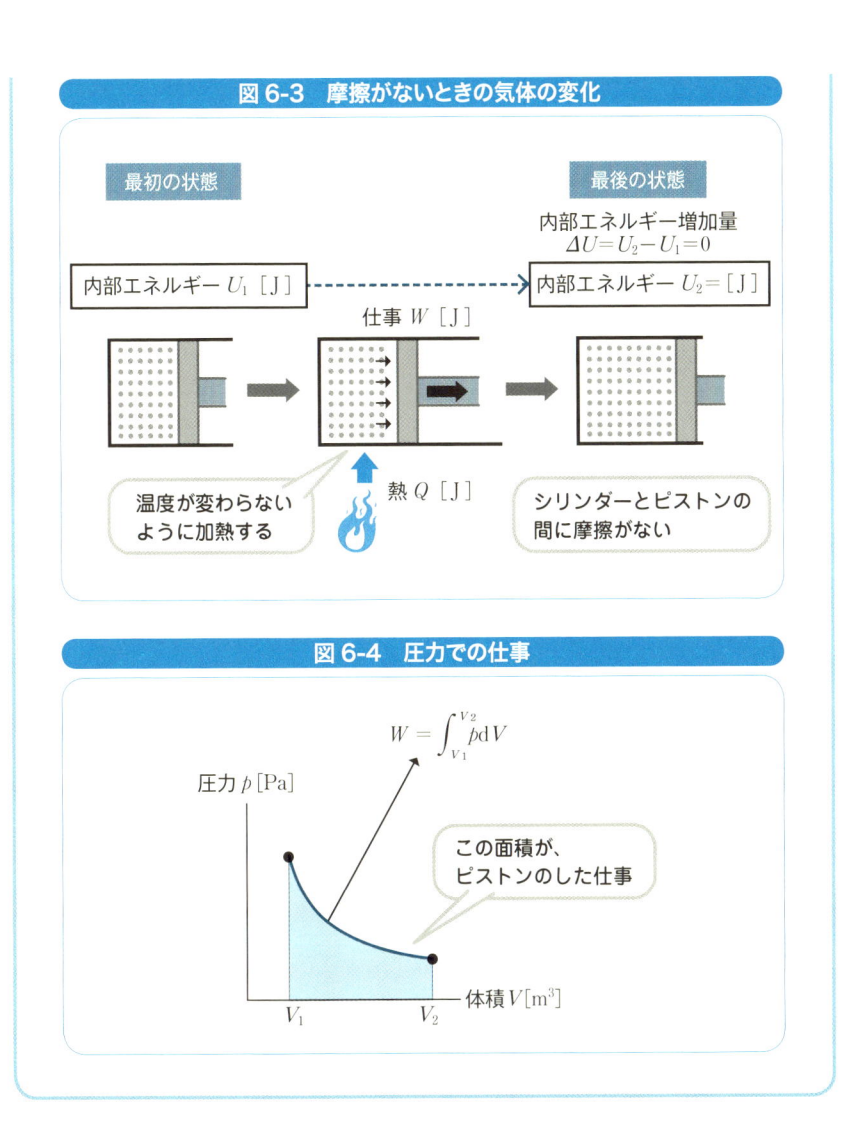

図6-5にあるようにピストンとシリンダー間に摩擦がない場合、最後の状態から、逆に、冷却しながら外から気体に仕事を行えば、最初の状態に戻すことができます。すなわち、**逆の方法**で、最初に戻せますので、**可逆変化**といいます。外部仕事と圧力の積分の式 (2-20) $W = \int_{V_1}^{V_2} p\,dV$ がつかえるのは、この可逆変化の場合だけです。図6-5の場合、気体の温度が変わらないように変化させていますので、この変化を可逆**等温変化**と呼びます。

図6-5 可逆変化（摩擦がないとき）

| 最初の状態 | 温度が変わらないように加熱する | 最後の状態 |

仕事 W [J]

加熱 Q [J]

逆な方法を使うと元には戻る

戻る　逆　逆

冷却 Q [J]

仕事 W [J]

温度が変わらないように冷却する

Q どうして、図6-1が不可逆変化なのでしょうか？

お助け解説

　下図のように、シリンダーとピストン間に摩擦がある場合には、シリンダーの外から力をかけなければ、ピストンはもとには戻りません。つまり、簡単には、もとの状態に戻せないので、このような変化を**不可逆変化**といいます。

図6-6 不可逆変化

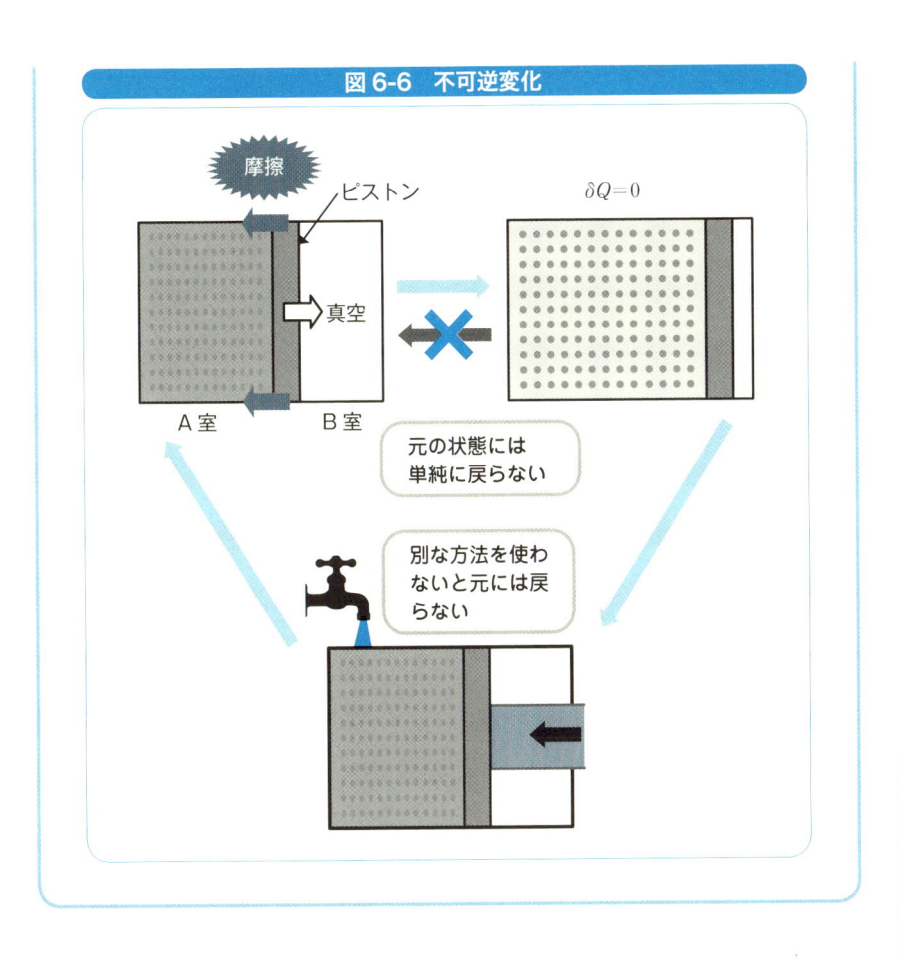

気体の変化には、図6-5の可逆変化と図6-6や5章5-5節の不可逆変化がありますが、

$$可逆変化：W = \int_{V_1}^{V_2} p\,dV \tag{6-6}$$

$$不可逆変化：W \neq \int_{V_1}^{V_2} p\,dV \tag{6-7}$$

となりますので、対象となる変化が、可逆変化か不可逆変化か判断しなければなりません。次節では、代表的な可逆変化を考えながら、可逆変化と不可逆変化の違いを、もっと明確にしましょう。

6-2 4つの可逆変化

エンジンの馬力やCO_2の液化や水素の燃焼を考えるとき、次の4つの可逆変化のいずれかを使い問題を解きます。

① **等圧変化**…気体の圧力が一定。
② **等積変化**…気体の体積が一定。
③ **等温変化**…気体の温度が一定。
④ **断熱変化**…加熱量がゼロ。$Q=0$で、シリンダーへの熱の出入りがない。

それぞれの変化における気体の圧力pと体積Vの関係を、図6-7にまとめて示しました。各変化の説明を次にします。

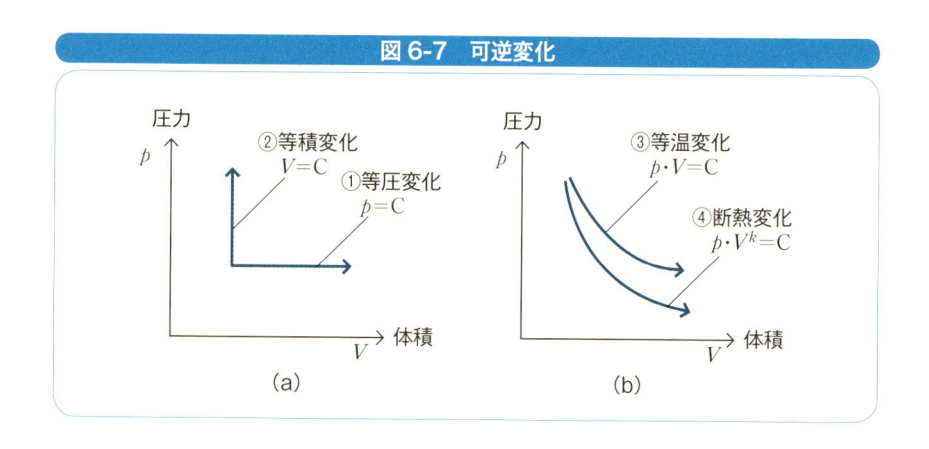

図6-7 可逆変化

(a) ②等積変化 $V=C$ / ①等圧変化 $p=C$

(b) ③等温変化 $p \cdot V=C$ / ④断熱変化 $p \cdot V^k=C$

① 等圧変化

等圧変化では、シリンダー内の圧力pが一定です。第2章2-3節で示したとおり、ピストンの力も一定です。シリンダー内の気体の体積Vと温度Tは変化します。その関係は、圧力$p=$一定、気体の質量$m=$一定、気体定数$R_g=$一定なので、式(3-24)の理想気体の状態方程式$p \cdot V = m \cdot R_g \cdot T$の両辺を$p \cdot T$で割ると、次式の等圧変化の関係が得られます。

$$\frac{p \cdot V}{p \cdot T} = \frac{\overset{\text{一定}}{\overset{\swarrow\searrow}{m \cdot R_g \cdot T}}}{\underset{\uparrow}{\underset{\text{一定}}{p \cdot T}}} \quad \Rightarrow \quad \frac{V}{T} = \text{一定} \tag{6-8}$$

② 等積変化

等積変化では、気体の体積Vは変わりませんので、シリンダー内のピストンは移動しません。したがって、外部仕事はゼロです。等積変化の場合、圧力pと温度Tは変化しますが、体積$V =$ 一定、$m \cdot R_g =$ 一定なので、式（3-24）の状態方程式$p \cdot V = m \cdot R_g \cdot T$の両辺を$V \cdot T$で割ると、次式の関係が得られます。

$$\frac{p \cdot V}{V \cdot T} = \frac{\overset{\text{一定}}{\overset{\swarrow\searrow}{m \cdot R_g \cdot T}}}{\underset{\uparrow}{\underset{\text{一定}}{V \cdot T}}} \quad \Rightarrow \quad \frac{p}{T} = \text{一定} \tag{6-9}$$

③ 等温変化

等温変化では、式（6-1）で示したとおり、気体の温度Tは変わりませんので、$m \cdot R_g \cdot T =$ 一定です。したがって、式（3-24）の状態方程式$p \cdot V = m \cdot R_g \cdot T$の右辺は、一定になり、次式の関係が導かれます。

$$p \cdot V = \text{一定} \tag{6-10}$$

このpとVの関係は、図6-7（b）のように反比例のグラフになります。

④ 断熱変化

断熱変化では、熱を加えて気体を暖めたり、冷やしたりしませんので、気体への加熱量$Q = 0$になります。したがって、式（5-3）の$T \cdot dS = \delta Q$より、可逆断熱変化の場合、$dS = 0$となり、エントロピーSの変化はあり

ません。そのため、可逆断熱変化を**等エントロピー変化**という場合もあります。

断熱変化では、気体の圧力p、体積V、温度Tは変わります。ただし、圧力pと体積Vの関係や、温度Tと体積Vの関係は、

$$p \cdot V^{\kappa} = 一定、\quad T \cdot V^{\kappa-1} = 一定 \tag{6-11}$$

になります。ここで、κ(カッパー)は、式(4-21)の比熱比です。

> **お助け解説**
>
> ここで、上式を導き出してみましょう。ただし、面倒だったら、次の6-3節に進みましょう。
>
> 式(5-3)の$T \cdot dS = \delta Q$より、断熱変化の場合は、加熱量$\delta Q = 0$で、$dS = 0$です。したがって、式(5-2)の$T \cdot dS = dU + p \cdot dV$は、
>
> $$dU + p \cdot dV = 0 \tag{6-12}$$
>
> となります。この式のdUに、式(4-8)の$dU = m \cdot C_v \cdot dT$を代入すると、
>
> $$m \cdot C_v \cdot dT + p \cdot dV = 0 \tag{6-13}$$
>
> となります。一方、式(3-24)の状態方程式$p \cdot V = m \cdot R_g \cdot T$の両辺を体積$V$で割ると、
>
> $$p = \frac{m \cdot R_g \cdot T}{V} \tag{6-14}$$
>
> この式を式(6-13)の圧力pに代入すると、
>
> $$m \cdot C_v \cdot dT + \frac{m \cdot R_g \cdot T}{V} \cdot dV = 0 \tag{6-15}$$
>
> 両辺を温度Tと質量mで割ると、
>
> $$\frac{C_v}{T} \cdot dT + \frac{R_g}{V} \cdot dV = 0 \tag{6-16}$$
>
> この式を、積分すると、

$$C_V \cdot \int \frac{1}{T} dT + R_g \cdot \int \frac{1}{V} dV \tag{6-17}$$

上式の積分に、式 (1-25) の積分公式 $\int \frac{1}{x} dx$ を使うと、

$$C_V \cdot \ln T + R_g \cdot \ln V = C \quad (\text{C;一定という意味})$$

両辺を C_V で割ると、

$$\ln T + \frac{R_g}{C_V} \cdot \ln V = \frac{C}{C_V}$$

上式の左辺の C_V に、式 (4-22) $C_V = \frac{R_g}{\kappa - 1}$ を代入すると、

$$\ln T + (\kappa - 1) \cdot \ln V = \frac{C}{C_V}$$

> 対数の公式 $n \cdot \ln(x) = \ln(x^n)$ を使うと

$$\ln T + \ln(V^{\kappa - 1}) = \frac{C}{C_V}$$

> 対数公式 $\ln(x) + \ln(y) = \ln(x \cdot y)$ を使うと

$$\ln(T \cdot V^{\kappa - 1}) = \frac{C}{C_V}$$

> Cは、一定という意味なので、$\ln(T \cdot V^{\kappa - 1})$ は一定、したがって、$T \cdot V^{\kappa - 1}$ も一定

$$T \cdot V^{\kappa - 1} = C'$$

> C'は一定という意味

> $V^{\kappa - 1} = V^\kappa \cdot V^{-1} = V^\kappa \cdot \frac{1}{V}$ なので

$$\frac{T}{V} \cdot V^\kappa = C' \tag{6-18}$$

式 (3-24) の状態方程式 $p \cdot V = m \cdot R_g \cdot T$ の両辺を $m \cdot R_g \cdot V$ で割って、

$$\frac{T}{V} = \frac{p}{m \cdot R_g} \tag{6-19}$$

上式 (6-18) の $\frac{T}{V}$ に上式を代入すると、

$$\frac{p}{m \cdot R_g} \cdot V^\kappa = C'$$

上式の両辺に $m \cdot R_g$ をかけると、

$$p \cdot V^\kappa = C' \cdot m \cdot R_g \tag{6-20}$$

気体の質量 m と気体定数 R_g は、一定なので、$C' \cdot m \cdot R_g = C''$ とおくと、

$$p \cdot V^\kappa = C'' \tag{6-21}$$

（C''は、一定という意味）

のように式（6-11）が導き出されます。

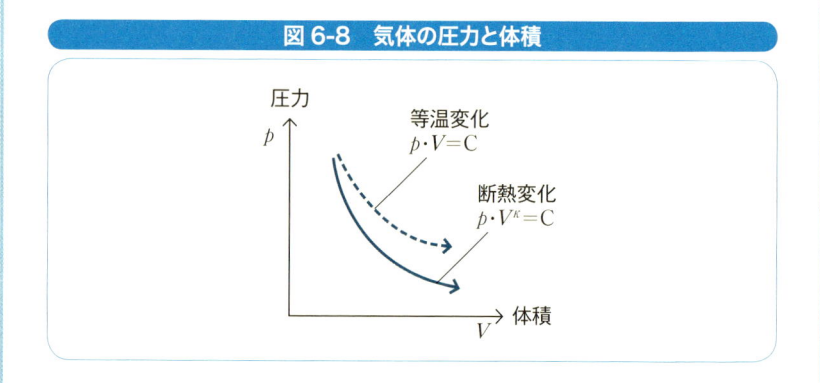

比熱比 $\kappa \left(= \dfrac{C_p}{C_v} \right)$ は、気体では、$\kappa > 1$（空気は、$\kappa = 1.4$）ですので、pV の関係は、体積が増える場合には、断熱変化は、図6-8のように、等温変化より下になります。

図 6-8　気体の圧力と体積

6-3 いろいろなコースでゴールをめざす

ここで以下のような条件で気体を、状態を1から状態2へ変化させるとします。このとき、状態1をスタート、状態2をゴールとしたとき、

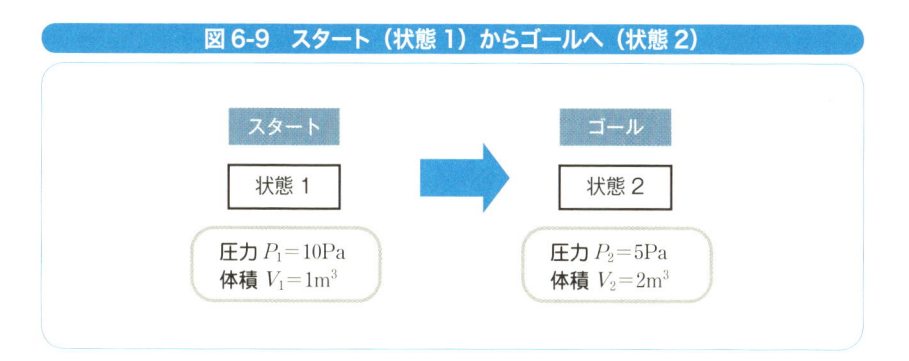

図6-9 スタート（状態1）からゴールへ（状態2）

スタート
状態1
圧力 $P_1 = 10\text{Pa}$
体積 $V_1 = 1\text{m}^3$

ゴール
状態2
圧力 $P_2 = 5\text{Pa}$
体積 $V_2 = 2\text{m}^3$

スタートからゴールへ向かうコースは、いろいろありますが、その代表例として、図6-10では、次のA、B、C、Dの4つのコースを考えます。
（4つのコース説明）
コースAは、摩擦がない等温変化（可逆等温変化）
コースBは、摩擦がない変化で、等圧変化と等積変化の組み合わせ
コースCは、摩擦がない変化で、断熱変化と等積変化の組み合わせ
コースDは、摩擦がある等温変化（不可逆等温変化）

図6-10の変化を pV 線図に描くと、図6-11になります。それぞれのコースの外部仕事は、どうでしょうか？

第6章 出したおならをおしりに戻せます！

図 6-10　いろいろなコースでゴールを目指す

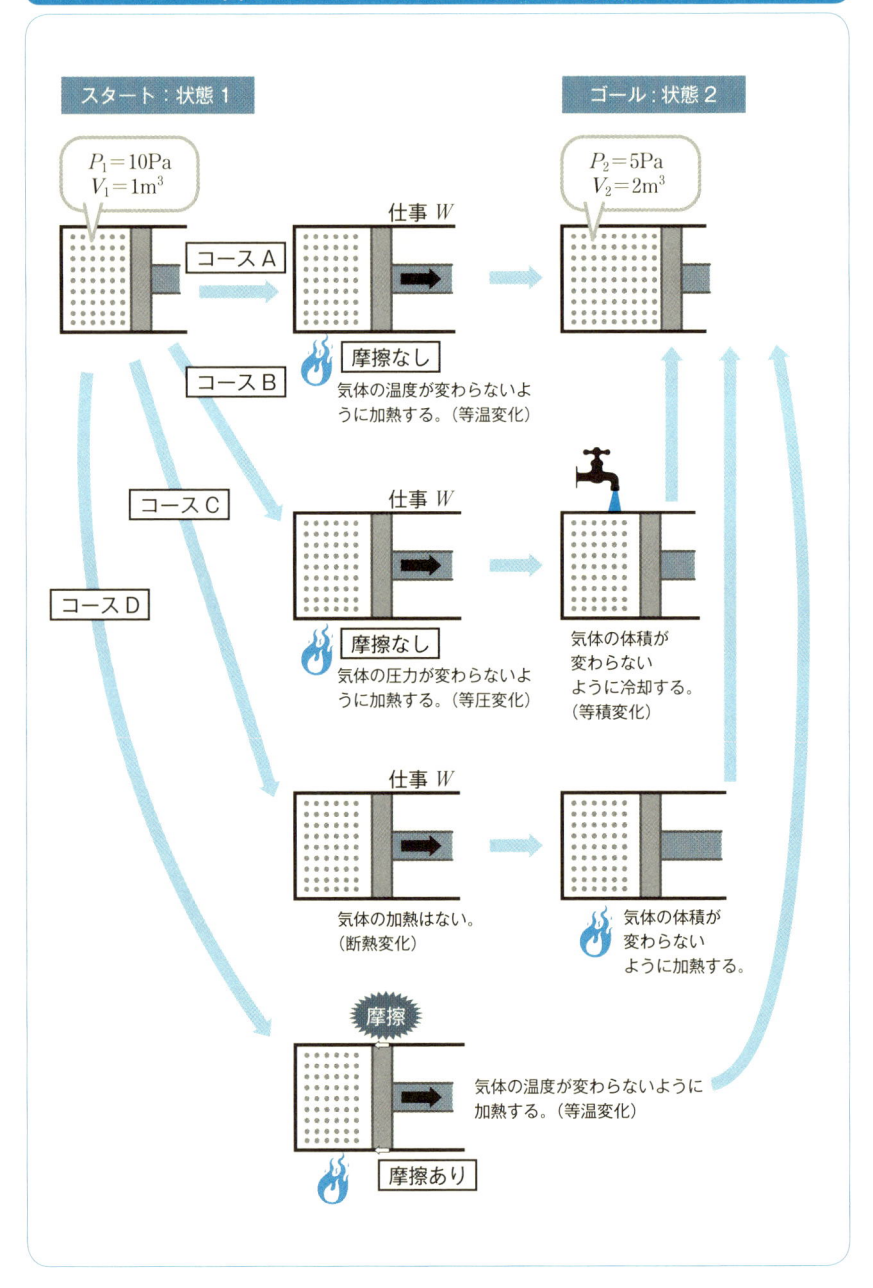

スタート：状態1
$P_1 = 10\text{Pa}$
$V_1 = 1\text{m}^3$

ゴール：状態2
$P_2 = 5\text{Pa}$
$V_2 = 2\text{m}^3$

コースA
仕事 W
摩擦なし
気体の温度が変わらないように加熱する。（等温変化）

コースB

コースC
仕事 W
摩擦なし
気体の圧力が変わらないように加熱する。（等圧変化）
気体の体積が変わらないように冷却する。（等積変化）

コースD
仕事 W
気体の加熱はない。（断熱変化）
気体の体積が変わらないように加熱する。

摩擦
気体の温度が変わらないように加熱する。（等温変化）
摩擦あり

図6-11 4つのコースの pV 線図

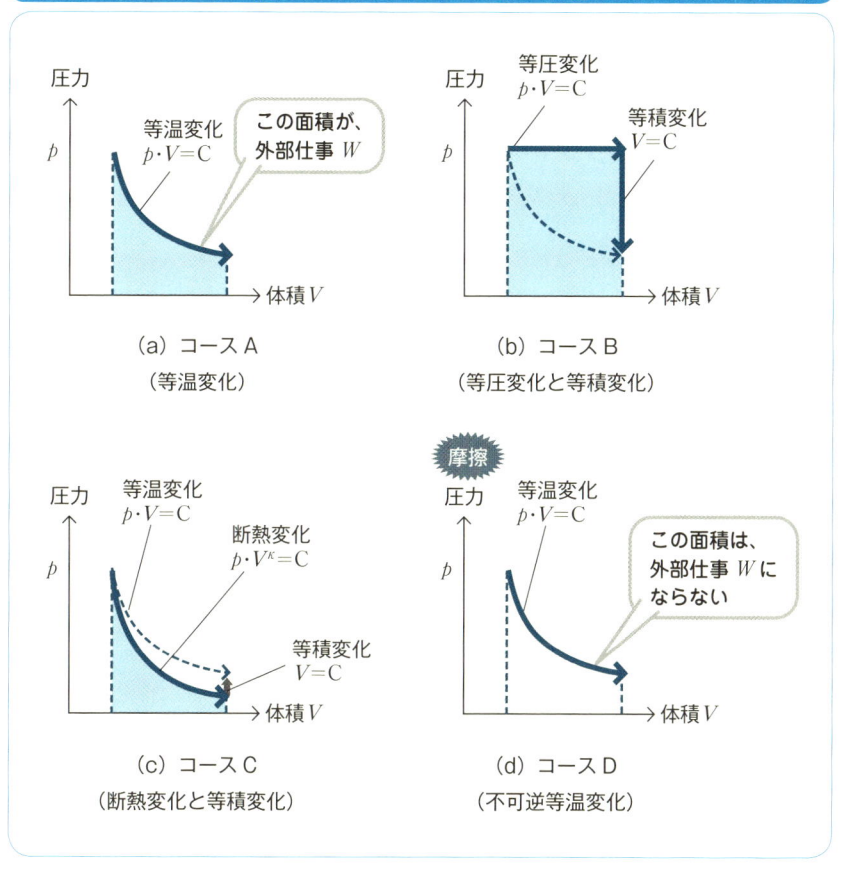

(a) コース A
（等温変化）

等温変化 $p \cdot V = C$
この面積が、外部仕事 W

(b) コース B
（等圧変化と等積変化）

等圧変化 $p \cdot V = C$
等積変化 $V = C$

(c) コース C
（断熱変化と等積変化）

等温変化 $p \cdot V = C$
断熱変化 $p \cdot V^\kappa = C$
等積変化 $V = C$

(d) コース D
（不可逆等温変化）

摩擦
等温変化 $p \cdot V = C$
この面積は、外部仕事 W にならない

摩擦がないコース A、B、C では、2章2-3節で示したように、外部仕事 W は次式で求まります。

(2-18) より　$W = \int_{V_1}^{V_2} p\,\mathrm{d}V$、または $\delta W = p\,\mathrm{d}V$ \hfill (6-22)

つまり、「積分は面積を求めるための道具」ですので、外部仕事 W は、図6-11の青色の面積から求まります。したがって、図6-11 (a)、(b)、(c) から外部仕事 W は、コースによって異なります。

一方、図6-11 (d) の摩擦があるコース D は、不可逆変化なので、式 (4-27) の熱力学第1法則 $\delta Q = \mathrm{d}U + \delta W$ は成り立ちますが、式 (6-7) より

$$\text{不可逆変化}: W \neq \int_{V_1}^{V_2} p \mathrm{d}V \text{、または } \delta W \neq p \mathrm{d}V \tag{6-23}$$

です。したがって、外部仕事 W は pV の関係からでは単純に求めることができません。つまり、選んだA、B、C、Dコースによって、外部仕事 W の値は異なります。

　それでは、第5章で述べた分子の乱雑さを表わす量のエントロピー S は、どう変化するでしょうか？

6-4 そのときエントロピーは、どうなるの?

図6-10の状態1のエントロピーをS_1、状態2のエントロピーS_2とすれば、エントロピーの増加量ΔSの関係は

$$S_2 = S_1 + \Delta S \tag{6-24}$$

となります。エントロピーの増加量ΔSは、図6-10の状態1から状態2への圧力pと体積Vを使って計算できます。次にそれを確認してみましょう。

例えば、コースAを計算する場合、次式の可逆変化の式

式 (5-3) $\Delta Q = T \cdot dS$、式 (2-13) $\Delta W = p dV$、

を式 (4-27) の熱力学第1法則の式

$$\text{式 (4-27)}\ \delta Q = dU + \delta W \tag{6-25}$$

$\delta Q = TdS$ $\delta W = pdV$

に代入すると次式になります。

$$T \cdot dS = dU + p \cdot dV \tag{6-26}$$

これは5章で述べたエントロピーを求める式 (5-2) です。つまり、図6-10のスタートとゴールのエントロピーの差(エントロピーの増加量)ΔSは、上式を用いれば、計算できます。

コースAは、等温変化($dT=0$)なので、式 (4-8) よりdUを求めると、$dU = m \cdot C_v \cdot dT = 0$です。

したがって、上式 (6-26) は、

$$T \cdot dS = p \cdot dV \tag{6-27}$$

両辺を温度Tで割って、理想気体の状態方程式を代入すると、

状態方程式 (3-24) $\dfrac{P}{T} = \dfrac{m \cdot R_g}{V}$ を代入

$$dS = \dfrac{p}{T} \cdot dV = \dfrac{m \cdot R_g}{V} \cdot dV \tag{6-28}$$

積分すると、

$$\varDelta S = S_2 - S_1 = \int_{S_1}^{S_2} 1 dS = m \cdot R_g \cdot \int_{V_1}^{V_2} \dfrac{1}{V} dV = m \cdot R_g \cdot \ln\left(\dfrac{V_2}{V_1}\right) \tag{6-29}$$

この $\varDelta S$ は、図6-10のコースA以外のコースで求めても同じ値になります。

つまり、状態1の圧力、体積、温度と気体の種類、状態2の圧力と体積がわかれば、エントロピーは計算できます。このように、スタートの気体の状態と、最終の気体の圧力と体積の値が与えられれば、求まる量を、**状態量**といいます。つまり、圧力 p、体積 V、温度 T、エンタルピー H、内部エネルギー U、エントロピー S が状態量になります。

しかし、外部仕事 W は、最終状態だけでは、図6-11のように求まらないので、外部仕事 W は状態量ではありません。加熱量 Q は、どうでしょうか？

6-5 気体に加えた熱量を求めよう!

図6-10で気体に加えられた熱量Qは、ピストンとシリンダー間に摩擦がない場合(可逆変化の場合)、式 (5-3) の$\delta Q = T \cdot dS$で求まります。この式を積分すると

$$Q = \int_{S_1}^{S_2} T dS \tag{6-30}$$

となります。温度TとエントロピーSの関係の例をグラフにすると、図6-12のようになり、これをTS線図と呼んでいます。1章で**「積分は、面積を求める道具」**と述べました。つまり、熱量Qを求める上式の積分は、図6-12で青色の面積になります。

TS線図にすると、摩擦がないときの加えた熱量が視覚的にわかります。これがエントロピーおよびTS線図の利点の1つです。

図6-12 TS線図

温度 T[K]

$Q = \int_{S_1}^{S_2} T \cdot dS$

この面積が、気体に加えた熱量Q

エントロピー S [J/K]

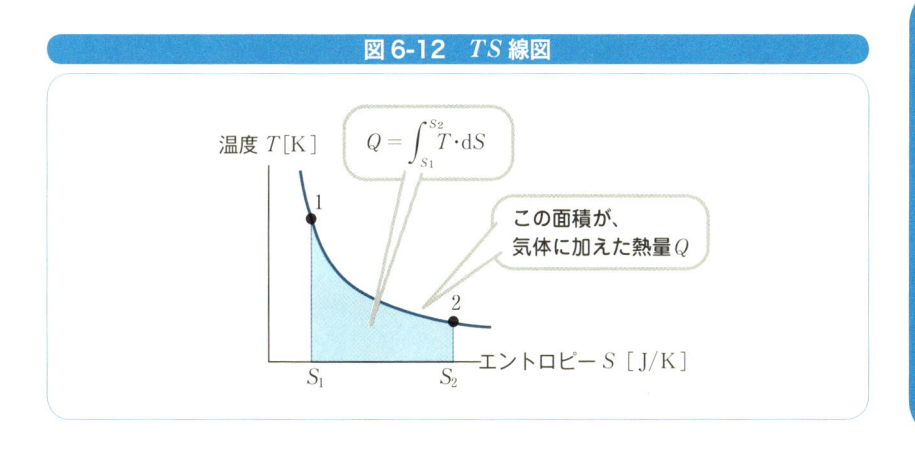

図6-10の変化をTS線図に描くと、図6-13になります。それぞれのコースの気体への加熱量Qは、どうでしょうか?

摩擦がないコースA、B、Cでは、気体への加熱量Qは、上式$Q = \int_{S_1}^{S_2} T dS$で求まります。「積分は面積を求めるための道具」ですので、加熱量Qは、図6-13の青色の面積から求まります。したがって、図6-10のスタート点

とゴール点が一緒でも、そのたどったコースによって図6-13から、気体への加熱量Qは異なります。

つまり、熱量Qや仕事Wは、図6-13と図6-11にあるように、そのコース（変化の道筋）によって、値が変わってしまう性質をもっています。そのため、式（4-27）の$\delta Q = dU + \delta W$の熱量Qや仕事Wには、微小量を表わす記号「d」を使わず、わざわざ「δ」（デルタ）を使用しています。

一方、圧力、温度、体積、エンタルピー、エントロピーは、**状態量**といって、コース（変化の道筋）によっては、変化量の値はかわりませんので、微小変化量に「d」を使います。

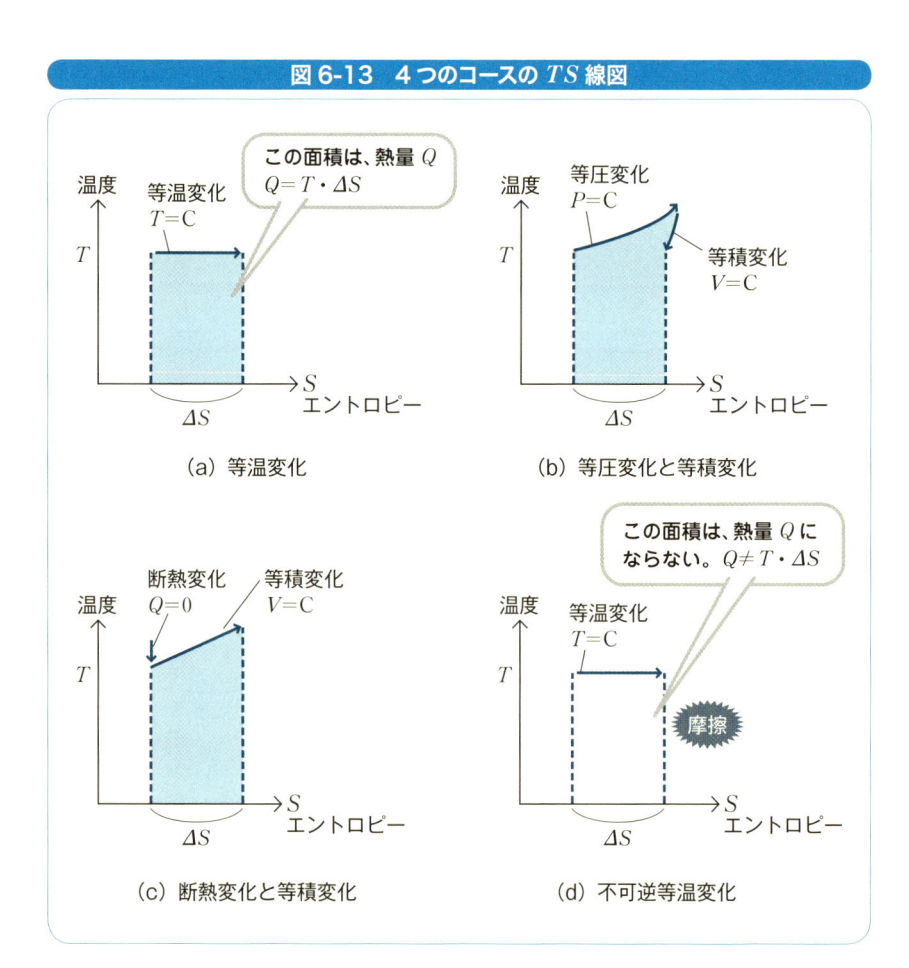

図6-13　4つのコースのTS線図

（a）等温変化

（b）等圧変化と等積変化

（c）断熱変化と等積変化

（d）不可逆等温変化

6-6 出したおならをおしりに戻そう!

　皆さんは、もう想像がついたかもしれませんが、可逆変化を使えば、出したおならはおしりに戻せます。例えば、摩擦のない注射器をお尻に入れて、そこでおならをゆっくりします。ピストンが動きますので、ピストンの力で外部仕事を行い、そのエネルギーを何かに蓄積し、次にそのエネルギーで、再びピストンを押し、おならの気体をお尻の中に戻します。非現実的かもしれませんが、熱力学的には可能です。

　次章では、可逆変化を仮定して、実際のエンジンの馬力を考えてみましょう。

図6-14　可逆変化でおならを戻す

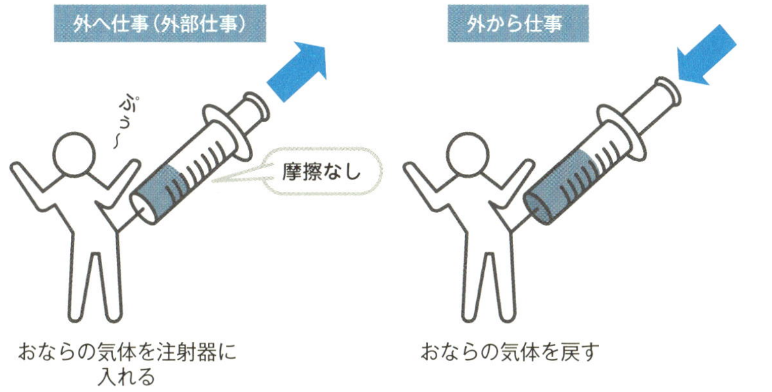

外へ仕事（外部仕事）　　　　　外から仕事

ぷぅ〜　　摩擦なし

おならの気体を注射器に入れる　　　おならの気体を戻す

第7章
エンジンの馬力を求めよう！
可逆変化の利用

熱力学の実践的な応用例として、シリンダーとピストンを使ったエンジンの仕事を考えましょう。

7-1 エンジンの馬力の計測

　皆さんはよく自動車に乗るでしょう。自動車の多くには、図7-1のエンジンが使われています。このエンジンの馬力を考えることは、熱力学を学ぶ上でとても役立ちます。

　図7-1（a）の自動車の中には、図7-1（c）のようなピストンが入っています。ピストンの往復運動は、クランクによって、回転運動に変えられ、タイヤを回します。自動車のカタログでもよく見るエンジンの性能曲線の例を図7-2に示します

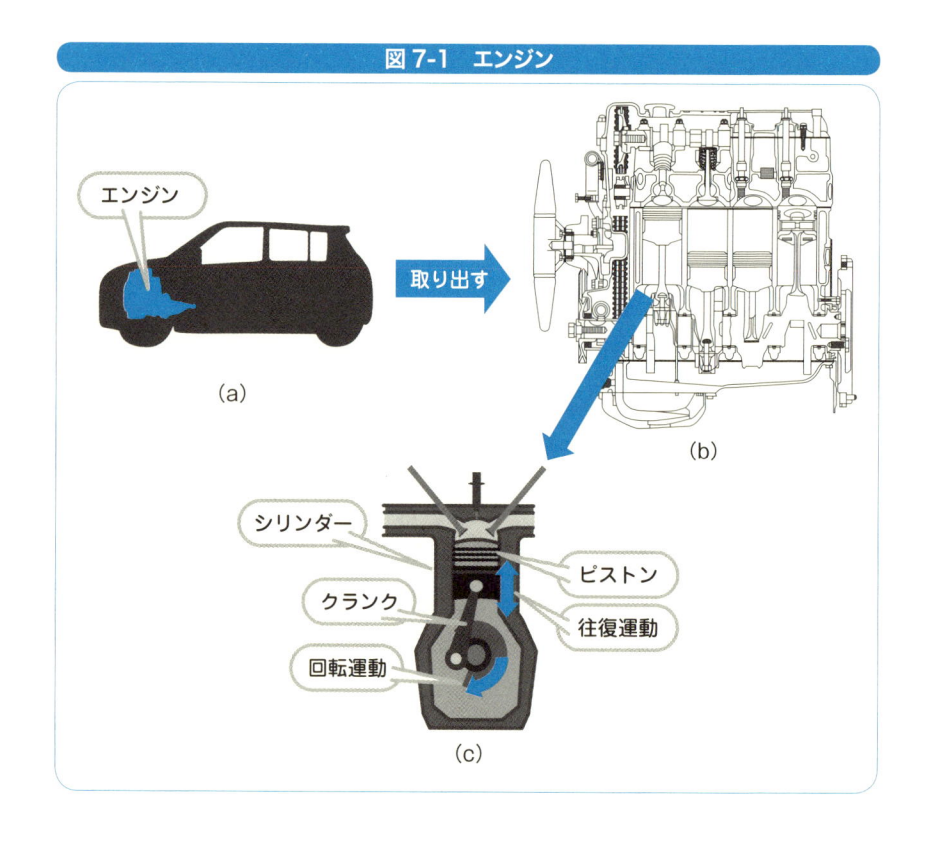

図 7-1　エンジン

図7-2　自動車のエンジン性能曲線の例

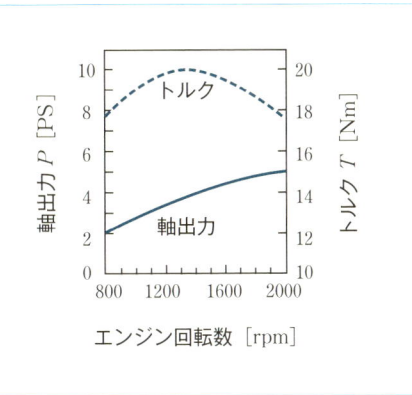

図7-2の性能曲線は、図7-3（a）の動力計を使って測定します。動力計は、単なる発電機です。エンジンで発電機を回し、その発生した電力から、エンジンの馬力が求められます。しかし、発電機の発電効率は、明確でないため、図7-3（b）のように、動力計から伸びたうでの先に発生した力をはかりで測定し、馬力を求めます。

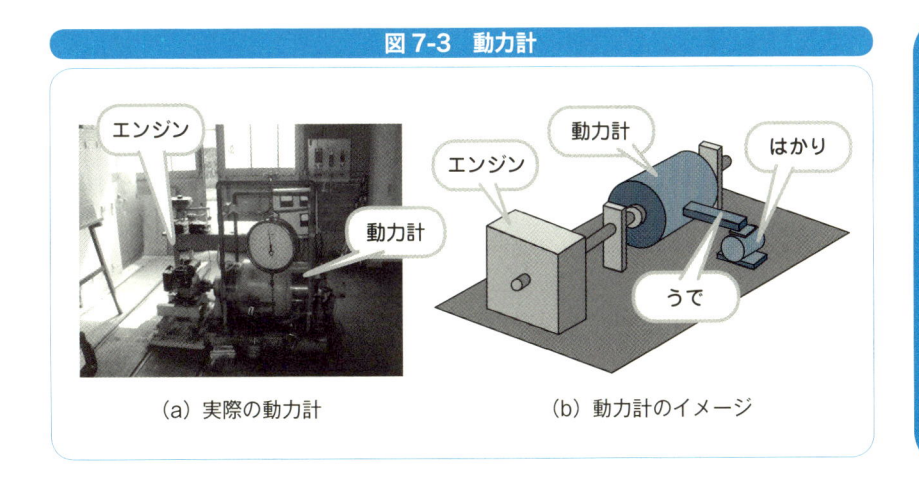

図7-3　動力計

（a）実際の動力計　　（b）動力計のイメージ

図7-4 動力計の原理

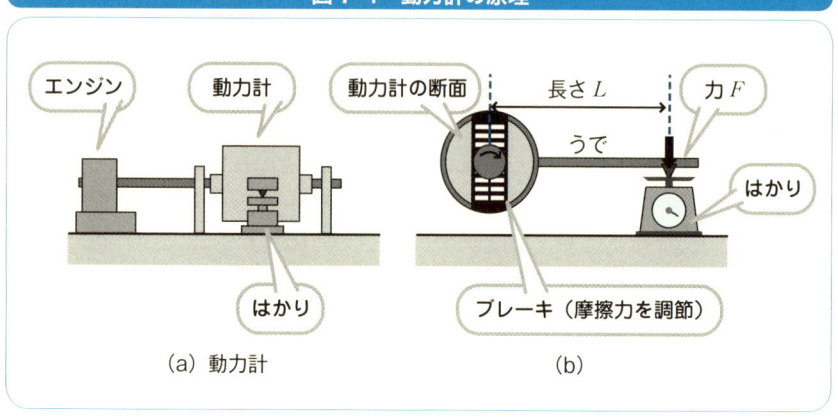

(a) 動力計
(b)

ラベル: エンジン／動力計／動力計の断面／長さL／力F／うで／はかり／ブレーキ（摩擦力を調節）／はかり

　図7-2の性能曲線上のトルクは、自動車のタイヤを回そうとする力（モーメント）です。図7-4（b）のように、はかりにかかる力をF、腕の長さLとすると、エンジンのトルクTは次式となります。

$$\text{エンジンのトルク}\quad T = F \times L \quad [\text{N·m}] \tag{7-1}$$

（力／長さ）

　図7-2の性能曲線に示されている軸出力は、エンジンの回転数を$f\left[\dfrac{\text{回}}{\text{秒}}\right]$とすると、次式のようにトルクと回転数で求まります。

$$\text{エンジンの軸出力}\quad P = T \times 2\pi \times f\left[\dfrac{\text{J}}{\text{s}}\right] = \dfrac{T \times 2\pi \times f}{735.5}\quad [\text{PS}] \tag{7-2}$$

（式(7-1) $F \times L$／エンジンの回転数／円周率3.1415／1秒間の仕事[J/s]を馬力に換算するための係数）

　この値は、エンジンの馬力（PS）と呼ばれています。

7-2 動力計を用いないエンジンの馬力の計測

エンジンの性能を調べるために、動力計（図7-3）を使うと、場所とお金がかかります。そのかわり、エンジンの中の気体の圧力と体積の変化を測定し、エンジン内の気体を5章で学んだ可逆変化と仮定して、エンジンの出力を求めることができます。

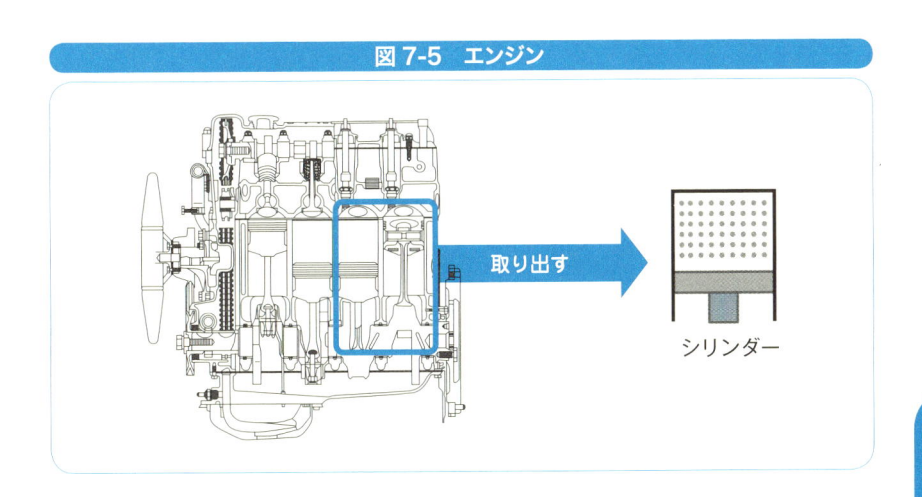

図 7-5　エンジン

エンジンの出力を求めるため、図7-5のようにエンジンの中の1つのシリンダーだけを取り出して考えます。これは、2章で述べたシリンダーとピストンの応用です。そのシリンダー内の気体の圧力と体積の変化は、図7-6（a）のように変化します。その1つを取り出すと、図7-6（b）のようになります。

図7-6 シリンダー内の圧力と体積の変化

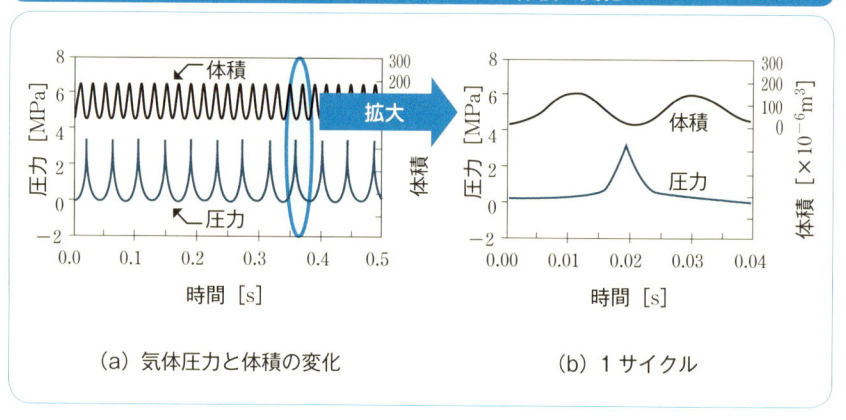

（a）気体圧力と体積の変化

（b）1サイクル

燃料にガソリンを使用したガソリンエンジンの場合、図7-6（b）のように圧力と体積が変化し、ピストンの位置とシリンダー内の気体（ガス）の状態は、以下のようになります。

> 番号は、下図中の数字を表わす

0 ➡ 1：ガソリンと空気の混合ガスがシリンダーに入る。
1 ➡ 2：混合ガスが急激に圧縮される。
2 ➡ 3：混合ガスが急速に燃焼して圧力が上がる。
3 ➡ 4：燃焼ガスが急激に膨張して外部仕事をする。
4 ➡ 0：燃焼ガスを排出する。

図7-7 シリンダー内の圧力と体積の変化

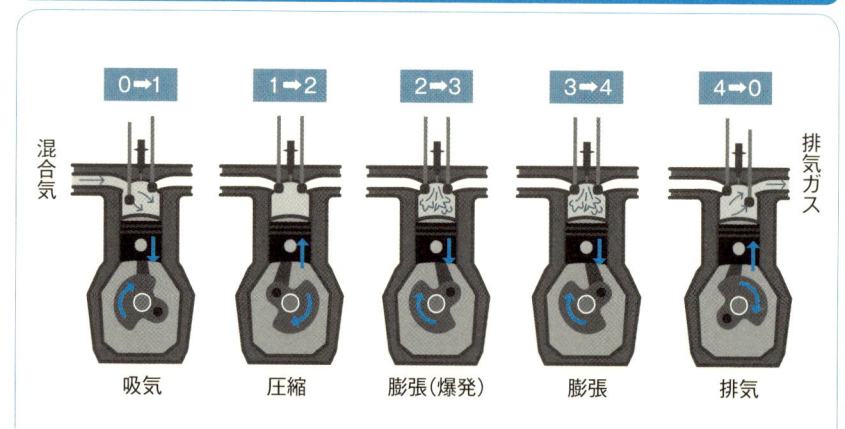

0 ➡ 1	1 ➡ 2	2 ➡ 3	3 ➡ 4	4 ➡ 0
吸気	圧縮	膨張（爆発）	膨張	排気

図7-7（続き）

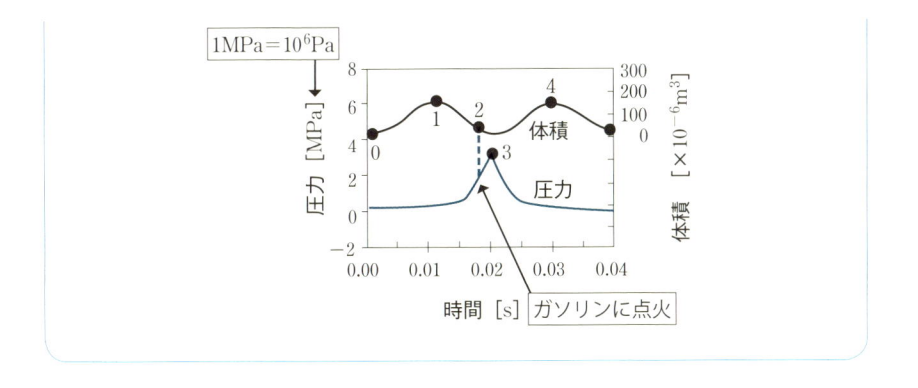

図7-7の圧力pと体積Vの関係をグラフにすると図7-8が描けます。このエンジンのpV線図を**指圧線図**と呼ぶこともあります。図7-8では、点線内の変化がわかりにくいため、それを強調したのが、図7-9です。

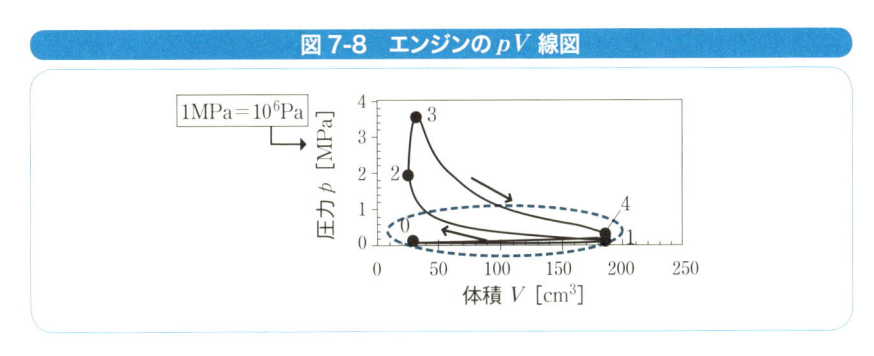

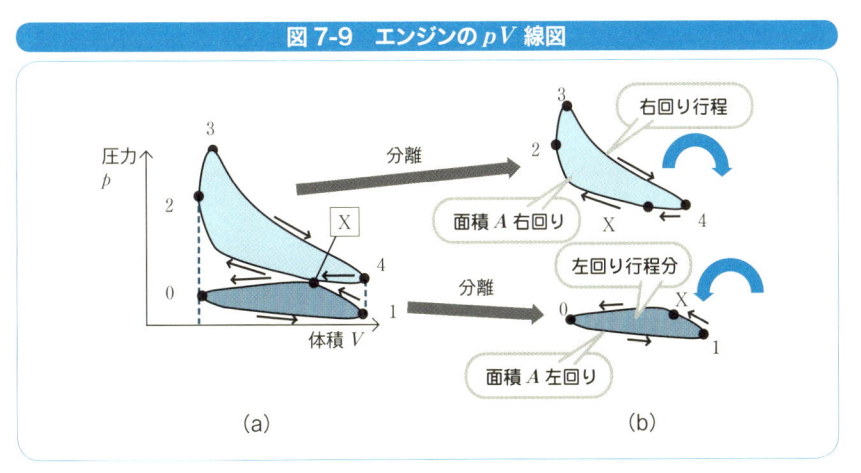

図7-8　エンジンのpV線図

図7-9　エンジンのpV線図

図7-9（a）の行程0→1→X→2→3→4→X→0を、図7-9（b）のように、右回り行程X→2→3→4→Xと左回り行程X→0→1→Xに分け、エンジンの仕事を求めてみます。

右回り行程でエンジン内の気体が行った仕事を、$W_{右回り}$、左回り行程の仕事を$W_{左回り}$とすると、エンジン内の気体のした仕事Wは、

$$W = W_{右回り} + W_{左回り} \tag{7-3}$$

となります。図7-9（a）の右回り行程（図7-10（a））を、さらに、図7-10（b）の体積増加の行程2→3→4と体積減少の行程4→X→2に分けます。エンジン内の気体のした仕事$W_{右回り}$は、次式のように、体積増加の行程の仕事$W_{右回り \atop 体積増}$と体積減少の行程の仕事$W_{右回り \atop 体積減}$の足し算になります。

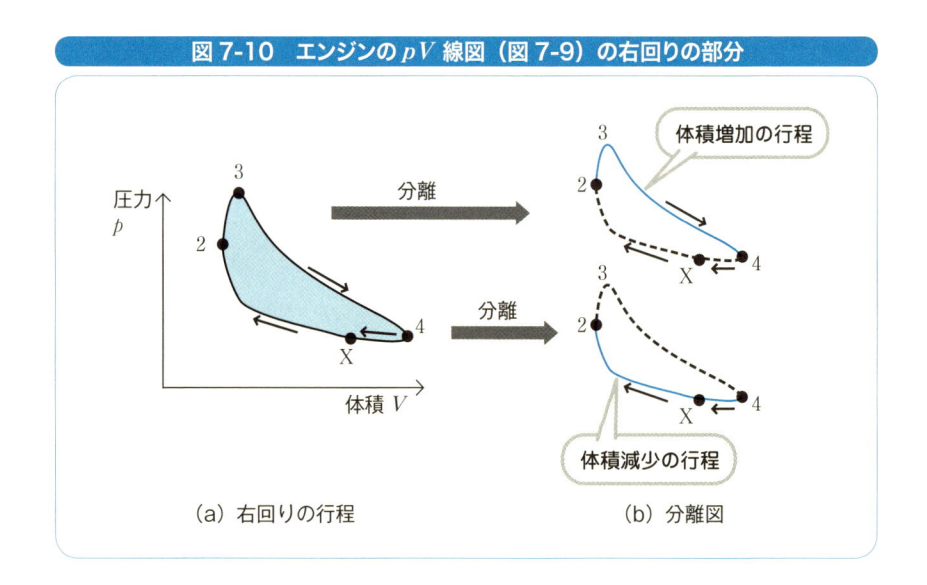

$$W_{右回り} = W_{右回り \atop 体積増} + W_{右回り \atop 体積減} \tag{7-4}$$

図7-10　エンジンのpV線図（図7-9）の右回りの部分

（a）右回りの行程　　　（b）分離図

図 7-11　エンジンの pV 線図（図 7-9）の右回り行程

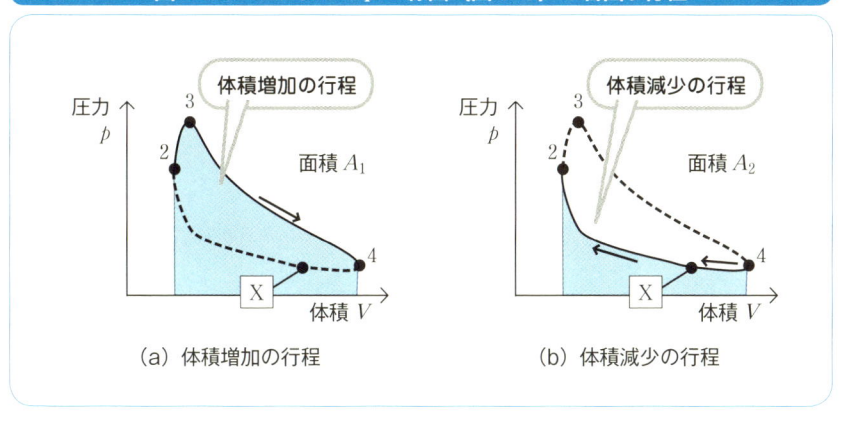

(a) 体積増加の行程

(b) 体積減少の行程

　摩擦がない（可逆変化）場合、外部仕事 W は、$W = \int p\,\mathrm{d}V$ の積分となります（2章参照）。つまり、pV 線図の上の面積から、気体の外部仕事は求まります。図7-11（a）の体積が増加する行程の外部仕事 $W_{\text{右回り,体積増}}$ は、図7-11（a）の青色の面積を A_1 とすると、体積増の外部仕事は、$W_{\text{右回り,体積増}}=A_1$ になります。

　逆に、図7-11（b）では、気体の体積が減少します。したがって、4章の図4-8と図4-10より、外部仕事は、負になりますので、図7-11（b）の青色の面積を A_2 とすると、体積減の外部仕事は、$W_{\text{右回り,体積減}}=-A_2$ になります。右回り行程の仕事は、式（7-4）より、次式（7-5）と図7-12となります。

$$W_{\text{右回り}} = W_{\text{右回り,体積増}} + W_{\text{右回り,体積減}} = A_1 + (-A_2) = A_1 - A_2 = A_{\text{右回り}} \tag{7-5}$$

　図7-12で青色の面積の大小を比較すると、$A_1 > A_2$ で、$A_1 - A_2 > 0$ なので、

　上式より、$A_{\text{右回り}} > 0$ で、**右回り行程では、気体の外部仕事は正（ $W_{\text{右回り}} > 0$ ）** となります。

図 7-12　エンジンの pV 線図（図 7-9）の右回りの部分

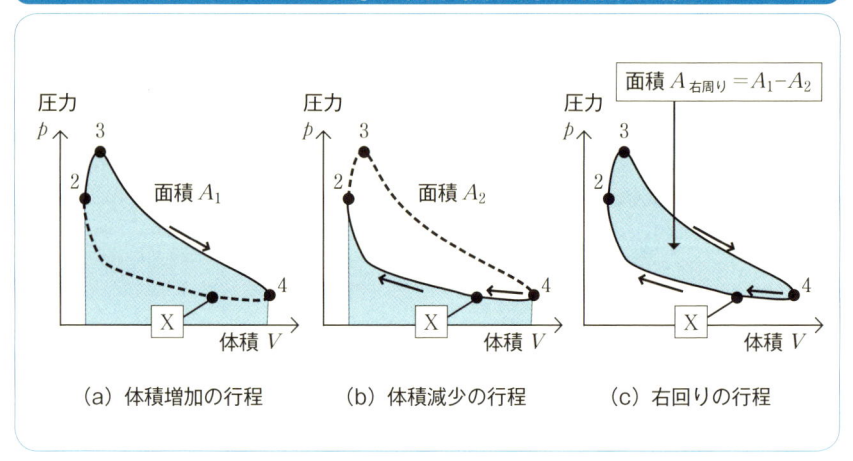

(a) 体積増加の行程　　(b) 体積減少の行程　　(c) 右回りの行程

面積 A_1　　面積 A_2　　面積 $A_{右周り} = A_1 - A_2$

● 左回り行程

一方、図7-13（a）の左回り行程では、さらにこの行程を、右回り行程と同様に、図7-13（b）の体積が増加する行程0→1と体積が減少する行程1→X→0に分けます。

図 7-13　エンジンの pV 線図（図 7-9）の左回りの部分

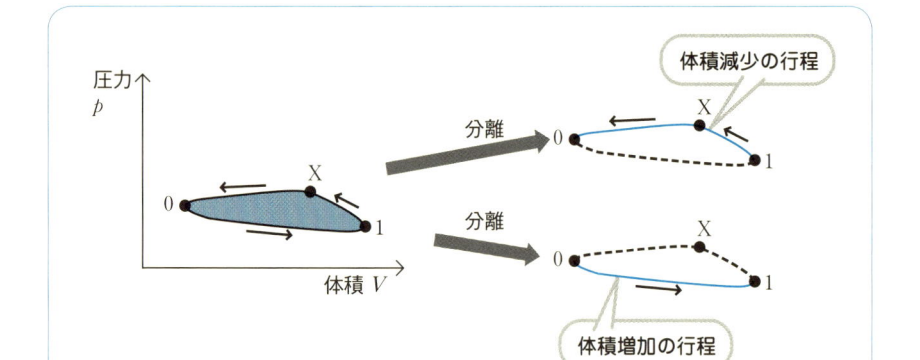

(a) 左回りの行程　　(b) 分離図

体積減少の行程

体積増加の行程

図7-14 エンジンの pV 線図（図7-9）の左回りの部分

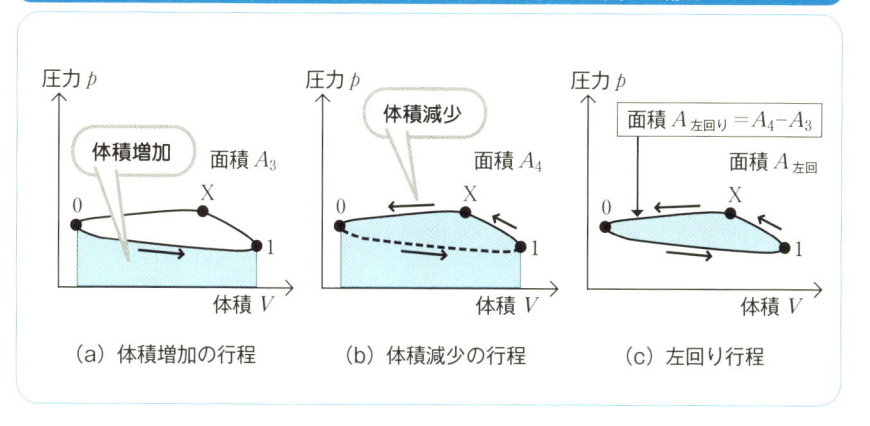

（a）体積増加の行程　（b）体積減少の行程　（c）左回り行程

　図7-14（a）のように体積が増加する仕事 $W_{左回り \atop 体積増}$ は、青色の面積 A_3 です。図7-14（b）の体積が減少する行程の仕事は $W_{左回り \atop 体積減}$ は、面積 A_4 から、$W_{左回り \atop 体積減} = -A_4$ になります。したがって、図7-14（c）より、$A_{左回り} = A_4 - A_3$ ですので、

$$W_{左回り} = \underbrace{W_{左回り \atop 体積増}}_{図7\text{-}14(a)} + \underbrace{W_{左回り \atop 体積減}}_{図7\text{-}14(b)} = A_3 + (-A_4) = -(A_4 - A_3) = -A_{左回り} \quad (7\text{-}6)$$

となり、図7-14より、囲まれた面積の大小を比較すると $A_3 < A_4$ で、$A_3 - A_4 < 0$ なので $W_{左回り} < 0$ となります。つまり、**左回り行程の外部仕事は、負（$W_{左回り} < 0$）になります**。この仕事 $W_{左回り}$ は、エンジン内から排気ガスを吐き出し、エンジン内へガソリンを吸い込むために発生したエネルギー損失が主なものです。これを**ポンプ損失**といいます。

　実際にエンジンの仕事を求める簡単な方法は、図7-15のコピーを作り、右回り部分、左回り部分、基準部分をコピー紙から切り取り、それぞれの質量を量ります。例として図7-15には、それぞれの質量を書きました。そして、基準面部分の面積と質量とを、例えば右回りの部分の質量と比較して、右回りの部分の面積を求めます。その過程を次式に示します。

図7-15 エンジンの仕事を求める

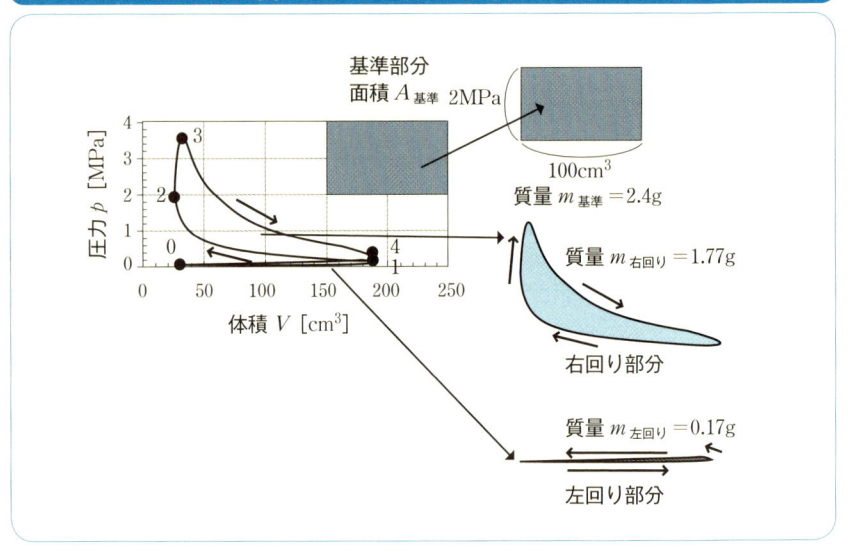

基準部分の縦の長さは、2MPa(1×10^6Pa)、横の長さは、100cm³(100×10^{-6}m³)ですから、基準部分の面積は、

$$\begin{aligned}
A_{基準} &= 縦の長さ \times 横の長さ = 2\text{MPa} \times 100\text{cm}^3 \\
&= (2 \times 10^6 \text{Pa}) \times (100 \times 10^{-6} \text{m}^3) \\
&= 200 \text{Pa} \cdot \text{m}^3 = 200 \text{J}
\end{aligned} \tag{7-7}$$

となります。はかりで測定したその基準部分の質量$m_{基準}$と右回りの質量$m_{右回り}$は、図7-15に示したとおり、$m_{基準}=2.4$g、$m_{右回り}=1.77$gでしたので、上式(7-7) $A_{基準}=200$Jから、右回りの面積$A_{右回り}$は、

$$A_{右回り} = A_{基準} \times \frac{m_{右回り}}{m_{基準}} = 200\text{J} \times \frac{1.77\text{g}}{2.4\text{g}} = 148 \text{J} \tag{7-8}$$

となり、右回りの仕事$W_{右回り}$は、

$$W_{右回り} = A_{右回り} = 148 \text{J} \tag{7-9}$$

と求まります。一方、左回りの面積$A_{左回り}$は、その質量0.17gから、

$$A_{左回り} = A_{基準} \times \frac{m_{左回り}}{m_{基準}} = 200\text{J} \times \frac{0.17\text{g}}{2.4\text{g}} = 14 \text{J} \tag{7-10}$$

となりますので、右回りの仕事は、式 (7-6) のように面積の値に−（マイナス）の符号を付け、

$$W_{左回り} = -\overset{マイナス}{A}_{左回り} = -14 \text{J} \tag{7-11}$$

と求まります。したがって、エンジンの外部仕事 W は、上式 (7-9) と上式 (7-11) より、次式となります。

$$W = W_{右回り} + W_{左回り} = 148 - 14 = 134 \text{J} \tag{7-12}$$

7-3 エンジンの出力の計算

次にエンジンの出力を計算してみましょう。図7-16（図7-6(a)と同じ）には、圧力のピークは、0.5秒間に12回ありますので、圧力の振動数f'は、下図7-16では、24回／秒になります。

一方、圧力変化1回あたりの仕事は、式（7-12）のエンジン1周期の外部仕事Wに等しいので、エンジンの出力Pは、

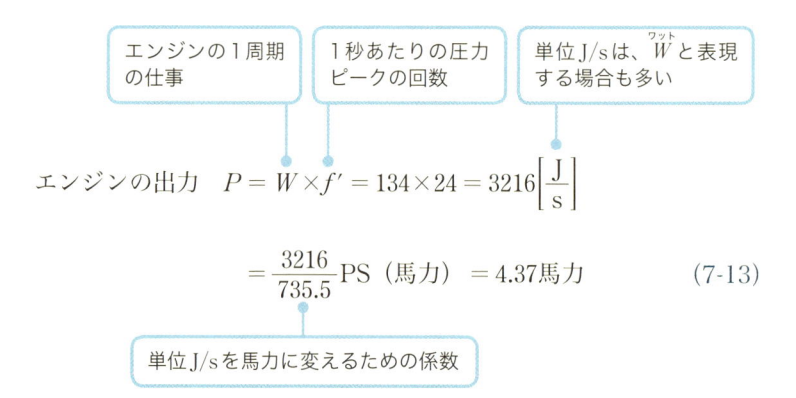

$$\text{エンジンの出力} \quad P = W \times f' = 134 \times 24 = 3216 \left[\frac{\text{J}}{\text{s}}\right]$$

（エンジンの1周期の仕事／1秒あたりの圧力ピークの回数／単位 J/s は、$\overset{\text{ワット}}{W}$ と表現する場合も多い）

$$= \frac{3216}{735.5} \text{PS（馬力）} = 4.37\text{馬力} \quad (7\text{-}13)$$

（単位 J/s を馬力に変えるための係数）

になります。これを**図示出力**（グラフの面積から求めた出力）といいます。

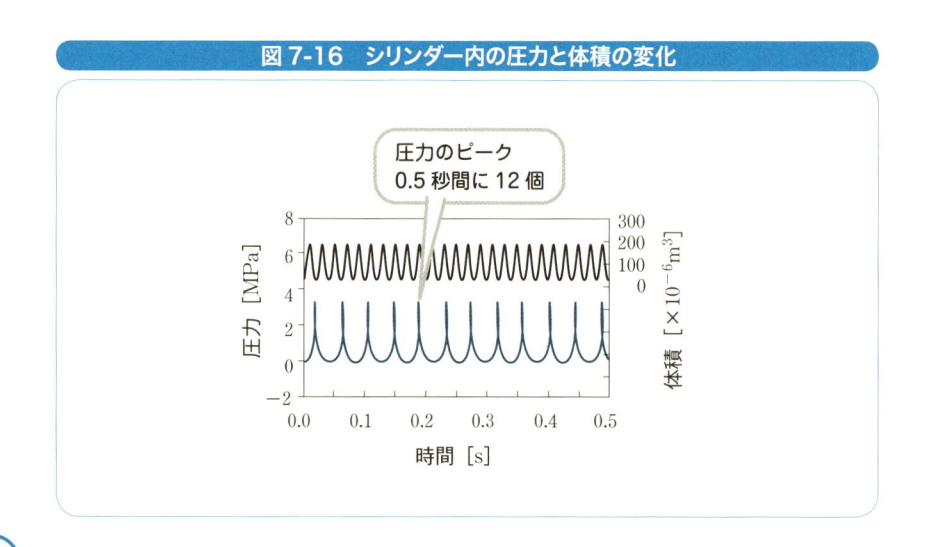

図 7-16 シリンダー内の圧力と体積の変化

圧力のピーク 0.5秒間に12個

7-4 エンジンの効率

エンジンの効率（熱効率）η（イーター）は、次式で定義されています。

$$効率 \eta = \frac{W}{Q_{in}} \tag{7-14}$$

ここで、Q_{in} は、エンジンに加えられた熱量で、ガソリンの燃焼で発生した熱に相当します。W は、エンジンが行う仕事です。エンジン外部に放出された熱を Q_{out} とすれば、

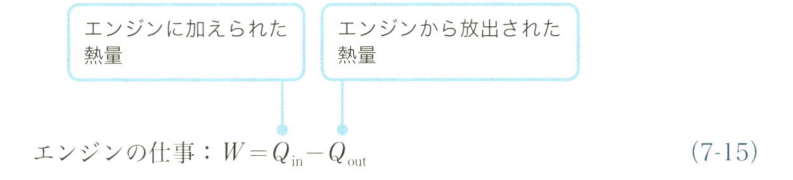

エンジンに加えられた熱量／エンジンから放出された熱量

$$エンジンの仕事：W = Q_{in} - Q_{out} \tag{7-15}$$

となります。したがって、上式（7-14）は、

$$\eta = \frac{Q_{in} - Q_{out}}{Q_{in}} \tag{7-16}$$

とも書けます。

では、このガソリンエンジンの効率 η を上げるには、どうしたらよいでしょうか？

図7-8のガソリンエンジン内の気体の変化を、すでに6章で学んだ可逆変化を使って、モデル化したのが図7-17です。これを**オットーサイクル**と呼びます。

図7-17　ガソリンエンジンのモデル化（オットーサイクル）

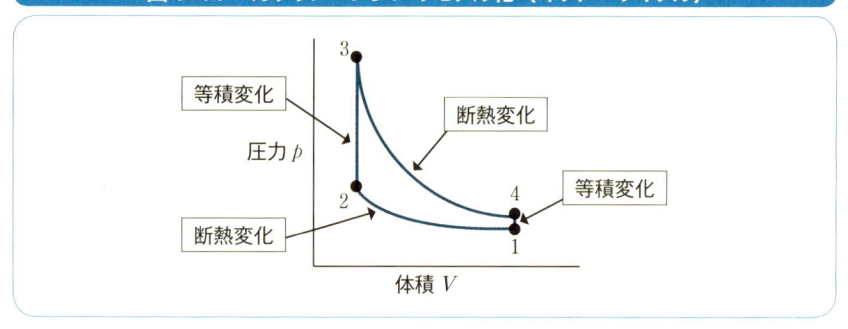

このオットーサイクルを使うと、エンジンの効率（熱効率）η は、

$$\text{効率：}\eta = 1 - \varepsilon^{(1-\kappa)} \tag{7-17}$$

で求まることが知られています[*]。この式で、ε は

$$\varepsilon = \frac{V_1}{V_2} \tag{7-18}$$

で、図7-18のように、気体の最大体積 V_1 と最小体積 V_2 の比となり、圧縮比と呼ばれています。

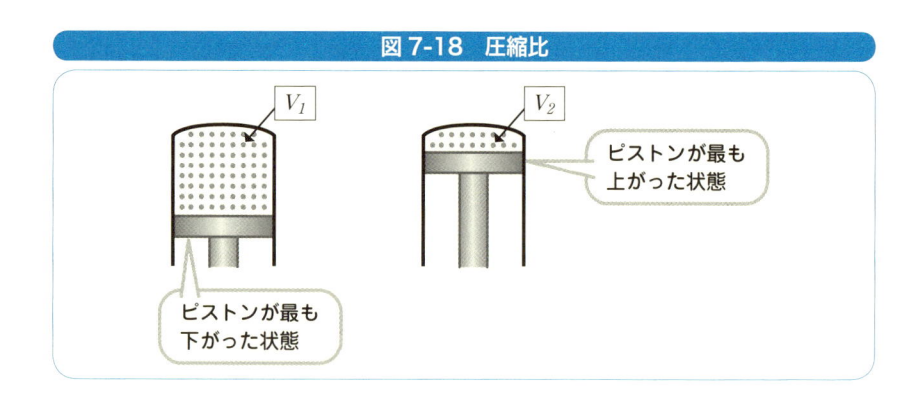

図7-18　圧縮比

シリンダー内の気体を空気（比熱比 $\kappa=1.4$）とした場合、エンジンの効率（式（7-17））を図にすると、図7-19になります。

---

[*] ゼロからスタート・熱力学（日新出版）

図7-19 エンジンの効率

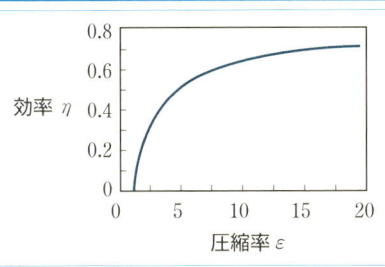

図7-19より圧縮比 ε を上げれば、エンジン性能を向上させることができます。しかし、圧縮比を上げると、気体の圧力と温度も上がってしまいます。その結果、異常燃焼（ノッキング）が起こってしまい、ピストンが溶けてしまうこともあります。そのため、ガソリンエンジンでは、圧縮比は10くらいになっています。

一方、ディーゼルエンジンでは、はじめ空気だけを圧縮し、圧力と温度が高くなったところで燃料（軽油）を吹き込み、燃焼させているため、ディーゼルエンジンでは、ガソリンエンジンより圧縮比を上げることができます。

実際のディーゼルエンジン（図7-20（a））とガソリンエンジン（図7-20（b））の pV 線図を比較すると、ディーゼルエンジンの最大圧力が、ガソリンエンジンの数倍あります。ディーゼルエンジンには、体に有害な窒素酸化物（NOx）や粒子状物質（PM）排出等の問題があります。しかし、熱効率が良いので、今後ディーゼルエンジンの利用が増えるでしょう。

図7-20 エンジンの pV 線図の比較

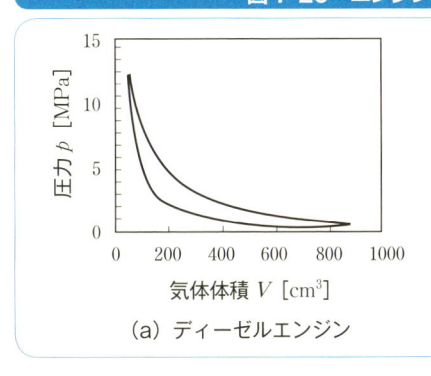

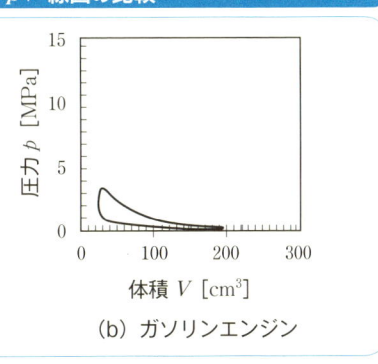

(a) ディーゼルエンジン

(b) ガソリンエンジン

（井関農機（株）提供）

7-5 理想的エンジンサイクル

温度 T_H の高温源と温度 T_L の低温源の2つの熱源があるとき、もっとも効率よいエンジンが、カルノーサイクルです。その pV 線図と TS 線図を図7-21に示します。

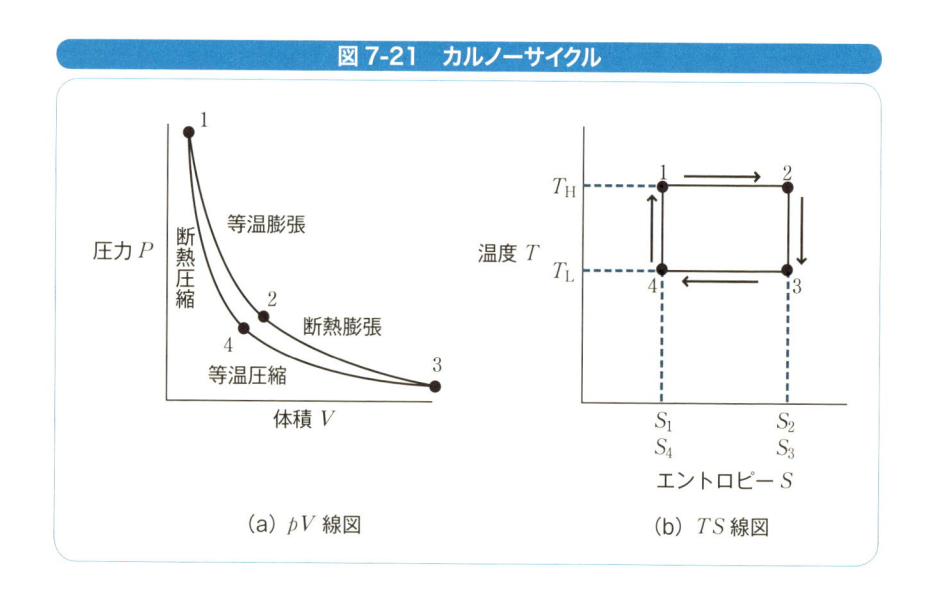

図 7-21　カルノーサイクル

(a) pV 線図

(b) TS 線図

6章、6-5節で述べたように、可逆変化の場合、気体に加えられた熱量 Q は、$Q = \int T dS$ の積分で求まります。積分は面積を求める道具ですので、図7-21（b）の行程1➡2で加えられた熱量 Q の値は、図7-22（a）の灰色の面積になります。

図7-22 カルノーサイクルのTS線図

式（7-19）Q_{in}
面積 $= T_H \cdot (S_2 - S_1)$

式（7-20）Q_{out}
面積 $= T_L \cdot (S_3 - S_4)$

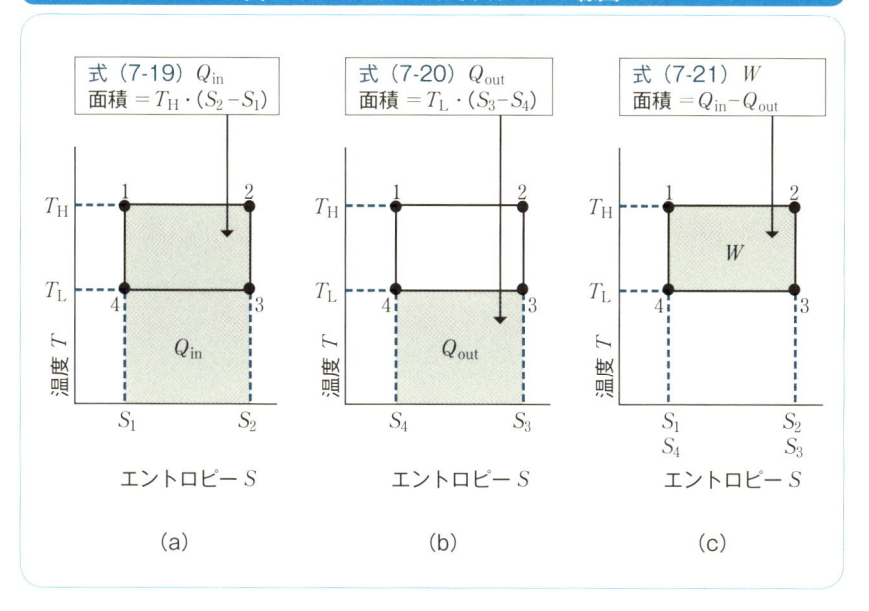

式（7-21）W
面積 $= Q_{in} - Q_{out}$

(a)　(b)　(c)

図7-22（a）で気体に加えられた熱量をQ_{in}とすると、

$$1 \Rightarrow 2 \text{の変化}：Q_{in} = T_H \cdot (S_2 - S_1) \tag{7-19}$$

図7-22（b）の行程3➡4は、行程1➡2と方向が逆なので、加えられた熱量Qの値は、マイナスになります。したがって、図7-22（b）の行程3➡4では、気体から熱がうばわれたことになります。うばわれた熱量をQ_{out}とすると、

$$\text{行程3} \Rightarrow \text{4でうばわれた熱量}：Q_{out} = T_L \cdot (S_3 - S_4) \tag{7-20}$$

したがって、図7-22（c）のようにQ_{in}とQ_{out}の差が、次式のように気体がした仕事Wになります。

$$Q_{in} - Q_{out} = W \tag{7-21}$$

図7-23 カルノーサイクルとオットーサイクルの比較

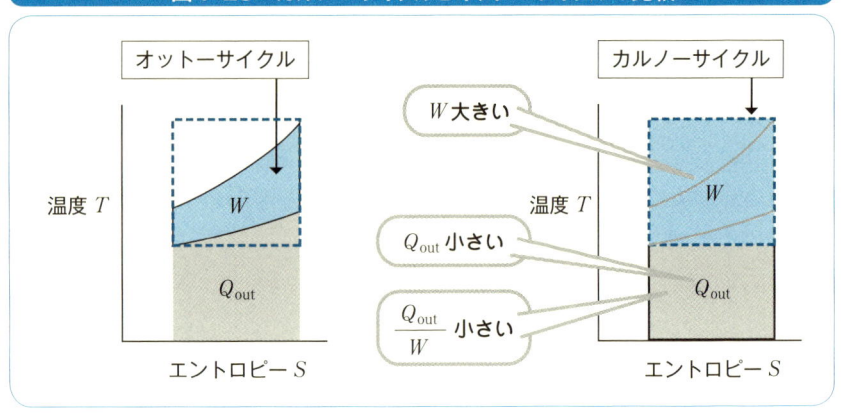

したがって、カルノーサイクルの熱効率ηは、次式となります。

$$\text{熱効率}\,\eta = \frac{W}{Q_\text{in}} = \frac{Q_\text{in} - Q_\text{out}}{Q_\text{in}} = \frac{T_\text{H} - T_\text{L}}{T_\text{H}} = 1 - \frac{T_\text{L}}{T_\text{H}} \tag{7-22}$$

このようにエンジンの効率が、温度T_HとT_Lの比だけで求まりますが、温度T_HとT_Lの単位は、絶対温度（K）でなければいけません。図7-23では、カルノーサイクルと、図7-17のオットーサイクルのTS線図を比べてみました。式（7-14）の効率ηは、次式に書きかえられますので、

$$\eta = \frac{W}{Q_\text{in}} = \frac{W}{W + Q_\text{out}} = \frac{1}{1 + \dfrac{Q_\text{out}}{W}} \tag{7-23}$$

（分子と分母をWで割る）
（式（7-15）より）

この式を使って、図7-23で、カルノーサイクルの効率をオットーサイクルと比べると、Wは大きく、Q_outは小さいため、$\dfrac{Q_\text{out}}{W}$が小さく、カルノーサイクルの効率ηのほうが良いことになります。このようにカルノーサイクルは、もっとも効率の良いエンジンと知られていますが、まだ実在はしていません。

これまで、取り上げたエンジンは、燃料を燃焼させ発生した熱を利用してきました。燃料を燃焼させると、熱ばかりでなく二酸化炭素（CO_2）が発生します。このCO_2が地球温暖化の原因とされています。そのため、排出されたCO_2ガスを液化、回収して、海底や地中に閉じこめようとす

る計画があります。次章ではCO_2の液化について、これまでの熱力学の力を借りて学んでみましょう。

エンジンと電気モーターの違い？ ― 熱力学の使われ方 ―

自動車のエンジンは、ガソリンを燃やして動力を得ます。電気モーターは電気で動力を得ます。それぞれ動力の発生の仕方が異なります。エンジンの性能とモーターの性能を比べてみましょう。それを考えると熱力学が深くわかります。

図7-24　エンジンと電気モーターの性能曲線

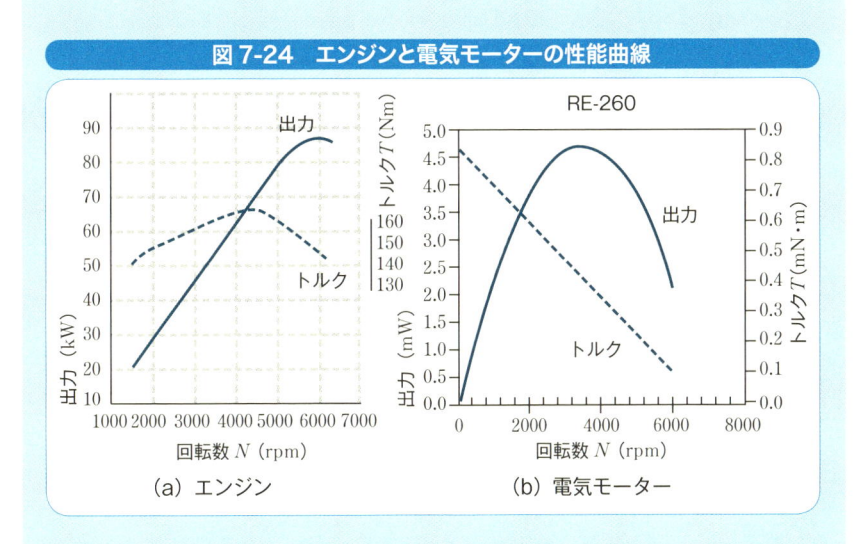

(a) エンジン　　(b) 電気モーター

図7-24 (b) のトルクTは、7章の式（7-1）で述べたように、力モーメントで、力Fと回転軸からの距離Lの掛け算（$T = F \times L$）になります。トルクは、車の加速を生む力になります。

エンジンの場合、トルクの発生源は、エンジンシリンダー内の気体の圧力です。ガソリンエンジンのシリンダー内の圧力の最大値は、エンジンの構造的な制約から決められています。あまり大きな圧力にするとエンジンは破裂してしまいますので、エンジン内の圧力は大きく変化はできません。したがって、回転数の違いによって、トルクも大きく変化はしません。

一方、電気モーターの場合、図7-25のフレミングの左手の法則が示すように、磁界の中で電流を流したときに発生する力です。したがって、電流が大きいほど大きな力が出ます。

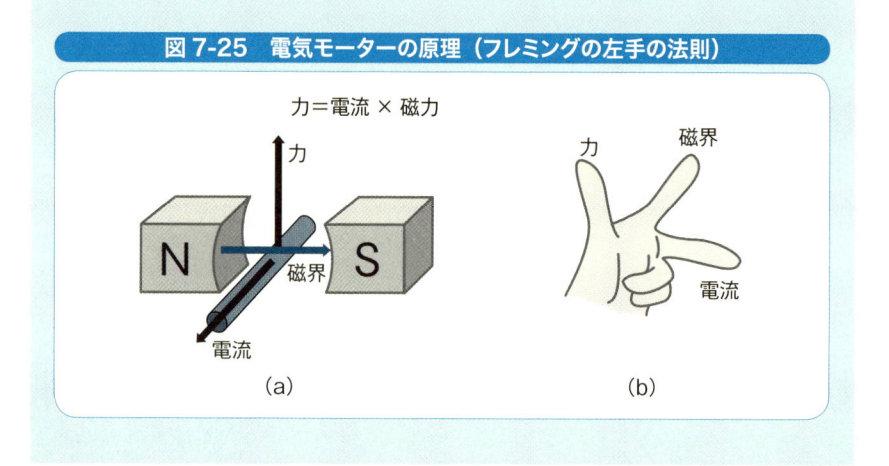

図 7-25　電気モーターの原理（フレミングの左手の法則）

力＝電流 × 磁力

(a)　　　　　　　　　　(b)

Q： 車の動力には、エンジンが良いか？　モーターが良いのでしょうか？

A： 自動車や電車は、走り出すときに一番大きな力が要ります。そして、そのとき、タイヤの回転数は小さいです。したがって、電気モーターのほうが、車の動力としては、好ましい特性を持っています。しかし、電気モーターを自動車で使うためには、電気を貯めておく電池が必要です。

一方、エンジンのトルクはほぼ一定です。このため、走り出すときの大きな力を生み出すには、必ずトランスミッションという変速ギヤが必要になってきます。したがって、エンジン自動車の効率を上げる方法は、第一に回転数を上げないことです。加速するために、アクセルを無駄に踏んでエンジンの回転数を上げると、回転数に比例してガソリンがシリンダー内に供給され、無駄なガソリンが消費されます。少しでも効率を上げるためにやさしい運転を心がけましょう。

第8章
CO_2を液化するにはどうやるの?

気液平衡

CO_2(二酸化炭素)は、地球温暖化の原因の1つです。これまでの熱力学の知識を使って、CO_2の液化を考えましょう。

8-1 富士山の上では、水は何℃で沸騰しますか?

　CO_2の液化を考える前に、私たちが毎日みる水蒸気の液化を考えましょう。1気圧（101.3kPa=0.1013MPa）において、水蒸気は100℃で液化し水になります。逆に水は100℃で沸騰し、水蒸気になります。この水が沸騰する温度を**沸点**といいます。水蒸気が液化する温度は、水が沸騰する温度（沸点）に等しく、沸点は、圧力によって変化します。

Q 富士山の頂上では、水は何℃で沸騰するでしょうか?

お助け解説

　富士山の山頂の圧力は、約0.6気圧（0.06MPa）です。水の沸点は、下の蒸気圧表から求めることができます。したがって、0.6気圧（0.06MPa）、沸点は、表8-1より約86℃だと分かります。

　この蒸気圧表がない液体の沸点は、わからないのでしょうか?

表8-1　水の蒸気圧表

圧力 P [MPa]	飽和温度 t_s [℃]	比体積×10^{-3} [m³/kg]		比エンタルピー [kJ/kg]			比エントロピー [kJ/(kg·K)]	
		飽和水 v'	飽和蒸気 v''	飽和水 h'	飽和蒸気 h''	$r=h'-h''$	飽和水 s'	飽和蒸気 s''
0.002	17.513	1.00124	670061	73.457	2533.6	2460.2	0.26065	8.72456
0.004	28.983	1.00400	34802.2	121.412	2554.5	2433.1	0.42246	8.47548
0.03				289.302	2625.4	2336.1	0.94411	7.76953
0.04	75.89	1.02651	3993.42	317.650	2636.9	2319.2	1.02610	7.67089
0.05	81.35	1.03009	3240.22	340.564	2646.0	2305.4	1.09121	7.59472
0.06	85.96	1.03326	2731.75	359.925	2653.6	2293.6	1.14544	7.53270
0.07	89.96	1.03612	2364.73	376.768	2660.1	2283.3	1.19205	7.48040
0.08	93.51	1.03874	2086.96	391.722	2665.8	2274.0	1.23301	7.43519
0.09	96.71	1.04116	1869.19	405.207	2670.9	2265.6	1.26960	7.39538
0.1	99.63	1.04342	1693.73	417.510	2675.4	2257.9	1.30271	7.35982
0.101325	100.00	1.04371	1673.00	419.064	2676.0	2256.9	1.30687	7.35538
0.11	102.32	1.04554	1549.24	428.843	2679.6	2250.8	1.33297	7.32769
	104.81			428.13	2683.4	2244.1	1.36087	7.29839
	109.1			236.22	458.417	2690.3	2231.9	1.41003	7.24655

（0.06：富士山頂／富士山頂での沸点　0.101325：1気圧／1気圧の沸点）

水の沸点は、式（4-16）のエンタルピーHと、式（5-2）のエントロピーSを使って定義されるギブスの**自由エネルギー**を用いることで求めることができます。ギブスの自由エネルギーは、等温等圧条件のもとで、仕事として取り出し可能なエネルギー量で、自発的に減少しようとします。図8-1のように力学的エネルギーにおける位置エネルギーとイメージすると分かりやすいでしょう。

図8-1　自由エネルギーのイメージ

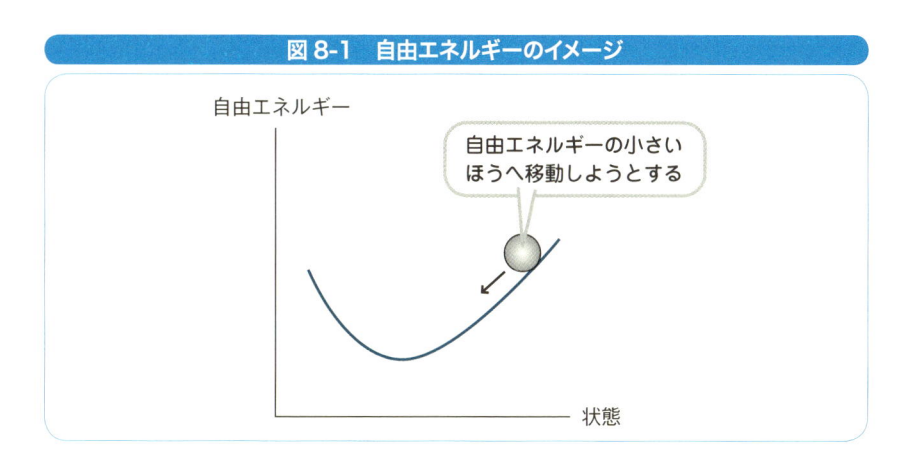

（自由エネルギー／自由エネルギーの小さいほうへ移動しようとする／状態）

分子1モルのギブスの自由エネルギーはgと表現し、次式で定義します。

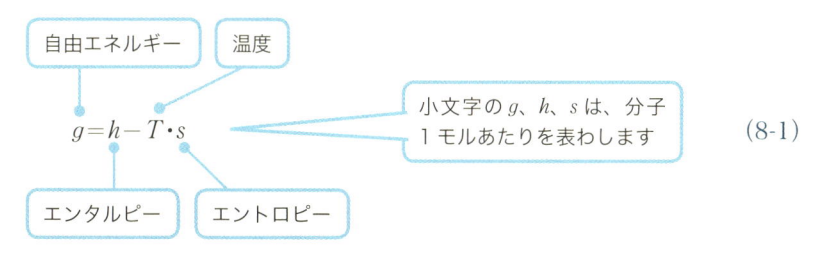

$$g = h - T \cdot s \tag{8-1}$$

（自由エネルギー／温度／エンタルピー／エントロピー／小文字のg、h、sは、分子1モルあたりを表わします）

ここで、hは分子1モルのエンタルピー、sは分子1モルのエントロピー、Tは温度です。g、h、sは、小文字を使っていますが、分子1molあたりの値です。g、h、sの単位は、それぞれ$\frac{J}{mol}$、$\frac{J}{mol}$、$\frac{J}{mol \cdot K}$となります。

水の沸点を求めるための自由エネルギーgの計算に必要な水と水蒸気のエンタルピーとエントロピーを次に調べてみましょう。水と水蒸気の分子1モルのエンタルピーhと分子1モルのエントロピーsは、温度100℃の場合、圧力の変化に対して、図8-2のようになっています。

図 8-2 水と水蒸気のエンタルピー h とエントロピー s

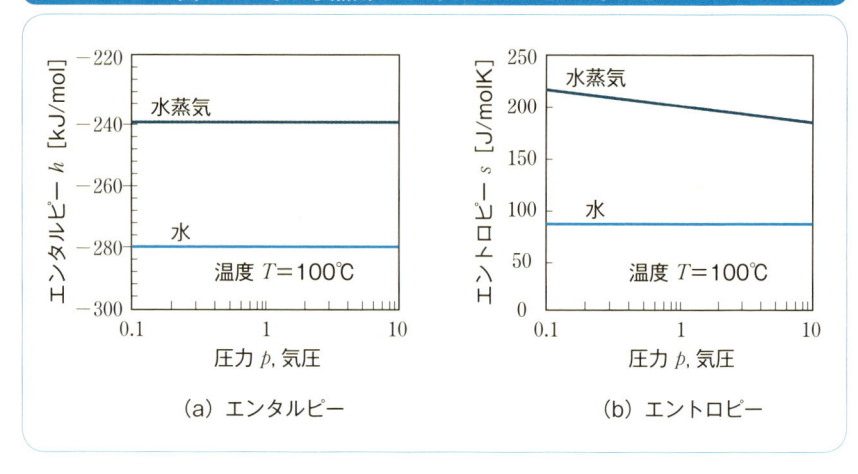

(a) エンタルピー

(b) エントロピー

　水蒸気は、気体ですので、圧力によって体積は変化します。当然、分子の乱雑さ（捕まえにくさ；エントロピー）も圧力によって変わります。したがって、水蒸気のエントロピーは、図8-2 (b) のように圧力とともに変化します。水蒸気を理想気体と仮定すれば、次のエントロピーの増加量を求める式が使えます。

$$\text{式 (5-7) より} \quad \Delta S = S_2 - S_1 = m \cdot R_g \cdot \ln\left(\frac{V_2}{V_1}\right) \tag{8-2}$$

ここで、気体の質量 [kg] は、次の式 (3-19) より、

分子数、モル　　分子量、g/mol

$$\text{式 (3-19)　気体の質量：} m\,[\text{kg}] = \frac{n \times M}{1000}$$

質量単位gをkgにするための係数

気体定数 R_g は、式 (3-15) より、

一般気体定数　R_u = 8.314 [J/mol・K]、(3-2節)

$$\text{式 (3-15)} \quad R_g = \left(\frac{R_u}{M} \times 1000\right)$$

となり、これらのm、R_gを使うと、上式（8-2）は、分子1molあたりでは次式となります。

$$\Delta s = s_2 - s_1 = R_u \cdot \ln\left(\frac{V_2}{V_1}\right) \tag{8-3}$$

温度$T=$一定のとき、式（6-4）の$p \cdot V = C$（一定）より、$p_1 \cdot V_1 = p_2 \cdot V_2$なので、

$$\frac{V_2}{V_1} = \frac{p_1}{p_2}$$

となります。したがって、上式を式（8-3）に代入すると、

$$s_2 = s_1 + R_u \ln\frac{p_1}{p_2} = s_1 - R_u \ln\frac{p_2}{p_1} \tag{8-4}$$

となります。圧力を上げると、$p_1 < p_2$になり、$\ln\frac{p_2}{p_1} > 0$になりますので、上式（8-4）により$s_1 > s_2$になります。つまり、圧力を上げると、気体のエントロピーsは下がるので、図8-2（b）のように水蒸気のエントロピーは下がります。一方、液体は、圧力を変えても、ほとんど体積は変わりませんので、水のエントロピーsは、前図8-2（b）のようにほとんど変わりません。

では、今まで求めた水と水蒸気のエントロピーsとエンタルピーhを用いて、水の沸点と自由エネルギーgの関係を見てみましょう。水の自由エネルギーを$g_水$、水蒸気の自由エネルギーを$g_{水蒸気}$とし、式（8-1）で値を求めると、温度100℃の場合、圧力の変化に対して、図8-3のようになっています。

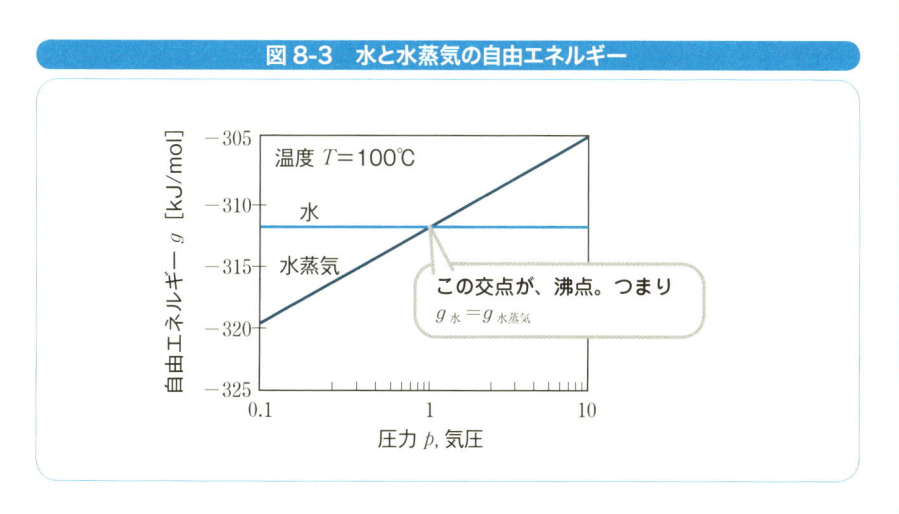

図8-3　水と水蒸気の自由エネルギー

この交点が、沸点。つまり$g_水 = g_{水蒸気}$

したがって、その交点が沸点です。つまり、沸点を求める条件は、

$$g_水 = g_{水蒸気} \tag{8-5}$$

です。もし、温度が100℃で、圧力が1気圧より高いと、図8-4（a）のように

$$g_水 < g_{水蒸気} \tag{8-6}$$

です。そのとき、水蒸気の自由エネルギーgは、水のエネルギーより高いため、分子は低いエネルギーの方へ移動しようとして、水蒸気の分子は、水になろうとします。つまり、図8-4（b）のように、自由エネルギーの小さいほうへ分子は移動しようとし、その結果、気体中の分子数が減ります。

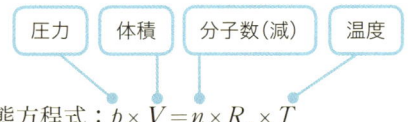

式（3-5）状態方程式：$p \times V = n \times R_u \times T$
（圧力）（体積）（分子数（減））（温度）

より、体積V、温度Tが一定の場合、気体中の分子数nが減ると、圧力pは少し下がります。それでも圧力が1気圧より高いと、さらに図8-4（b）のように気体の分子は水になり、最終的に1気圧で安定します。

図8-4　圧力が高かった場合の分子の変化

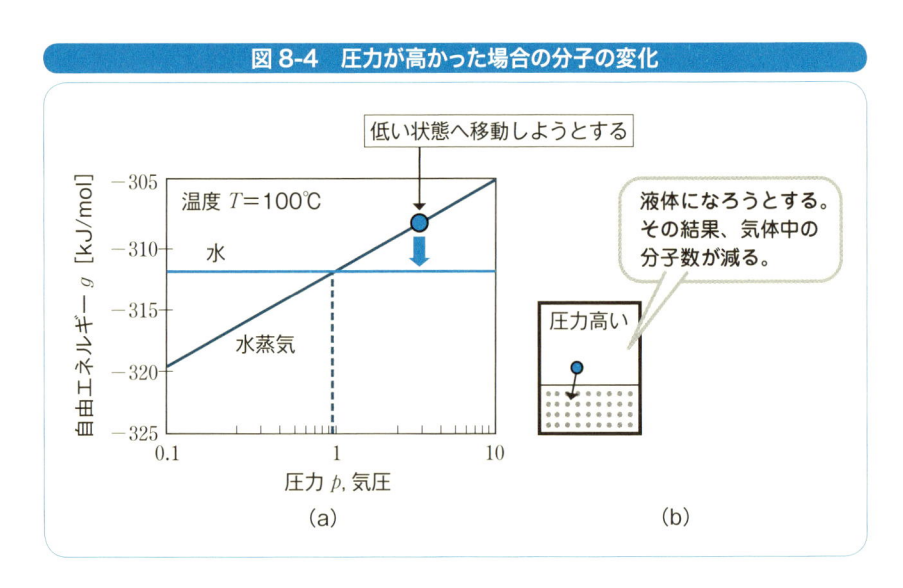

(a) 　　　　　　　　　　　　　　(b)

一方、前図8-4とは逆に、温度が100℃で、圧力が1気圧より低いと、図8-5（a）のように、

$$g_水 > g_{水蒸気} \tag{8-7}$$

です。そのとき、水の自由エネルギーgは、水蒸気のエネルギーより高いため、分子は低い自由エネルギーの方へ移動しようとして、図8-5（b）のように水の分子は、水蒸気になろうとします。その結果、気体中の分子数が増えて、圧力はあがります。最終的に100℃では、図8-3のように1気圧で安定します。その点が沸点となります。

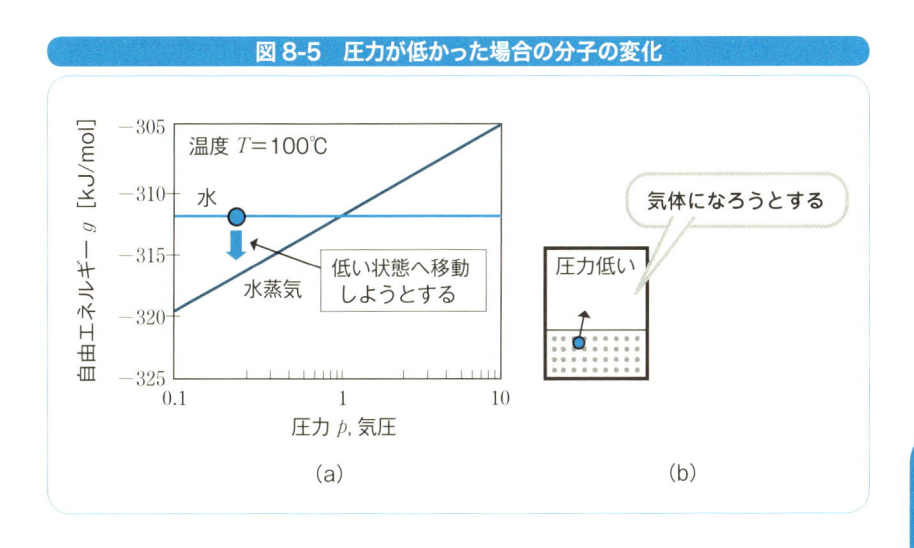

図8-5　圧力が低かった場合の分子の変化

このように自由エネルギー（$g = h - Ts$）を使って、簡単に沸点の圧力と温度を求めることができますが、エンタルピーhとエントロピーsの値がわからなければいけません。しかし、いろいろなデータベースが世の中にあって調べることができ、hとsの値を用いて、沸点を求めることができます。

次にその応用として、地球温暖化の原因の1つであるCO_2（二酸化炭素）の液化を考えます。

8-2 CO₂の液化

　CO$_2$（二酸化炭素）が液化する温度は、水の場合と同様に、液体のCO$_2$が沸騰する温度（沸点）と同じです。つまりCO$_2$の沸点も、水と同様に求まります。大気圧におけるCO$_2$の分子1モルのエンタルピーhとエントロピーsは、いろいろなところで得ることができますが、ここでは、計算を簡単にするために、下表8-2を使います。

表8-2　CO$_2$のエンタルピーhとエントロピーs

	エンタルピーh J/mol	エントロピーs J/molK
気体	$h = 35.836T + 24875$	$s = 0.1398T + 172.1$
液体	$h = 97.345T - 4354.9$	$s = 0.3738T + 34.373$

　表8-2は、一見複雑ですが、下図8-6に示す中学で習った直線の式にすぎません。横軸xは温度Tに、縦軸yはエンタルピーhあるいはエントロピーsに代わっただけです。温度Tの数値を式の中に入れると、エンタルピー、エントロピーが計算でき、それを式（8-1）の$g = h - T \cdot s$に入れれば、自由エネルギーgが計算できます。

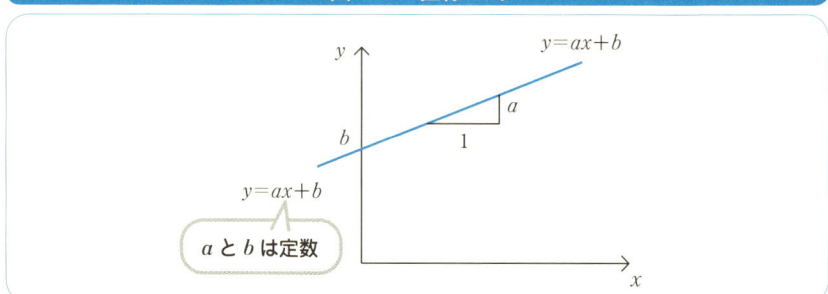

図8-6　直線の式

$y = ax + b$

aとbは定数

　この自由エネルギーgを使って、CO$_2$の沸点も、水の沸点を求めたときと同じ式（8-5）の$g_水 = g_{水蒸気}$の関係で求まります。したがって、分子1

モルの自由エネルギーgは、式（8-1）の$g=h-T\cdot s$ですので、表8-2を用いると、図8-7（a）のようになります。したがって、この交点が1気圧の沸点、つまりCO_2が液化する温度となります。圧力を変えて、この液化する温度を求めてみた計算結果を図8-7（b）に示します。使ったものは、式（8-5）と同じ$g_{液体}=g_{気体}$の関係と表8-2の値だけです。

このようにエンタルピーhとエントロピーsが分かっていると、ギブスの自由エネルギー（$g=h-T\cdot s$）が計算でき、気体の液化する圧力や温度がわかります。

ここで出てきたギブスの自由エネルギーの応用例として、次章では水素の反応を取り上げます。水素は燃焼しても温暖化ガスのCO_2を排出しない、究極的な次世代燃料の一つです。

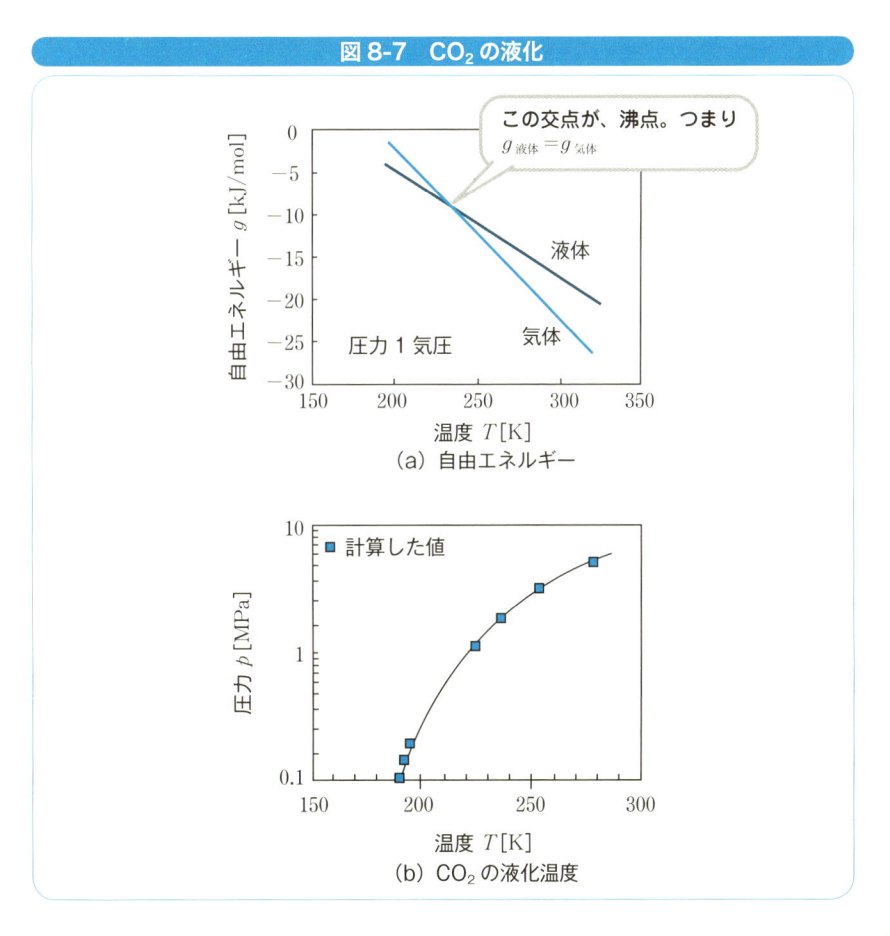

図8-7　CO_2の液化

（a）自由エネルギー

この交点が、沸点。つまり$g_{液体}=g_{気体}$

（b）CO_2の液化温度

水飲み鳥と熱力学 ― 熱力学の使われ方 ―

　水飲み鳥は、平和鳥ともいって、見ているだけでレトロな気持ちになります。そんな水飲み鳥の動きにも熱力学が深くかかわっています。ここでは、水飲み鳥の原理を通して熱力学を考えてみましょう。

　水飲み鳥のお尻は常に乾いていますが、くちばしと頭は、常に濡れています。これは乾湿温度計の乾球と湿球にあたります。

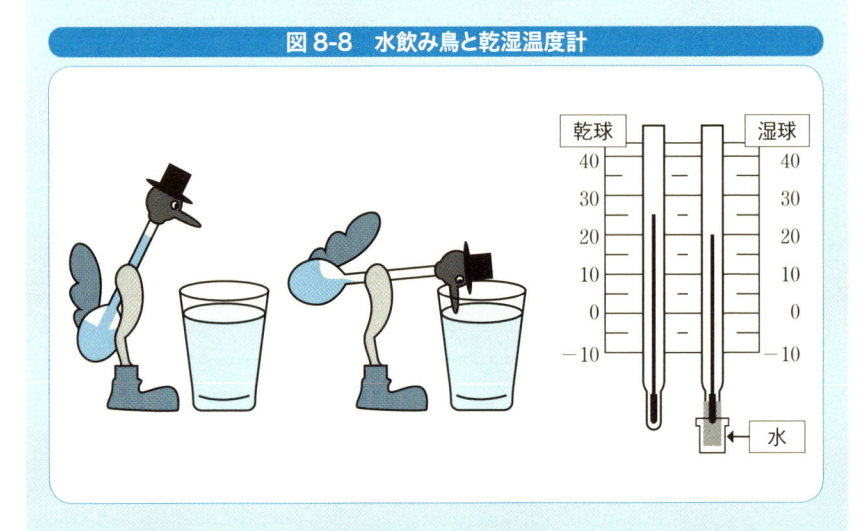

図 8-8　水飲み鳥と乾湿温度計

　湿球の温度は、水の蒸発により、少しだけ乾球の温度より低いです。つまり、水飲み鳥の頭のガラスの温度は、お尻の温度より少し低くなっています。これが、水飲み鳥の原理です。水飲み鳥の中の液体と気体は、ジクロロメタン（塩化メチレン）で、大気圧における沸点は40℃です。

　始め、図8-9（a）のように頭が水で濡らされると、乾湿温度計の湿球のように水の蒸発によって、頭のガラスの温度は室温より低くなります。そのため、頭の気体は凝縮し、圧力が下がり、液体が吸い上げられます。

　すると、図8-9（b）のように、液体はお尻から頭に上ります。図8-9（b）の状態では、頭のほうが、お尻のほうより重くなり、水飲み鳥は頭を下げ

図8-9（c）の状態になります。

図8-9（b）の状態から図8-9（c）に移るとき、頭の中の温度が低い液体は、お尻のほうへ移動します。同時に、お尻の中の室温の気体が頭に移動します。したがって、お尻のほうが重くなり、水飲み鳥は頭を上げ、図8-9（a）の状態に戻ります。

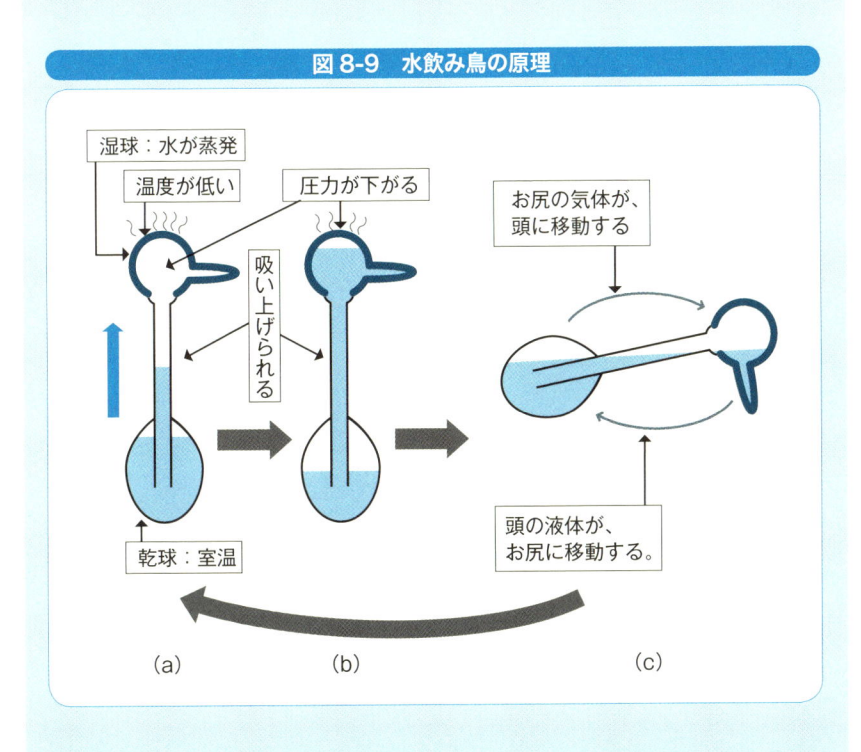

図8-9　水飲み鳥の原理

このように、水飲み鳥では、8章の気体と液体の相変化が重要で、8章で出てきたギブスの自由エネルギーgが重要な意味を持っています。当然、頭が乾いている場合や湿度100％の場合のように、頭から水が蒸発できない状態では水飲み鳥は動きません。

第9章

水素と酸素からできるものは、水だけ？

反応

　水素は、環境にやさしい次世代エネルギーです。水素からエネルギーを取り出すために、水素と酸素の反応を利用します。水素と酸素からできるものは、水だけでしょうか？　ちょっと難しいかもしれませんが、この実践的な問題の基本を考えることによって、熱力学の応用性が広がります。

9-1 水素を燃やすと何ができる?

水素（H_2）を酸素（O_2）で燃やす反応は、

$$H_2 + \frac{1}{2}O_2 \rightarrow H_2O \tag{9-1}$$

と知られています。つまり水素（H_2）を燃やすと、生成物は水（H_2O）なので、水素は環境にやさしい次世代の究極のエネルギーといわれています。しかし、水素と酸素から生成物は、H_2Oだけではありません。25℃（298K）の水素1モルと酸素1/2モルを反応させたときの生成物は図9-1になります。

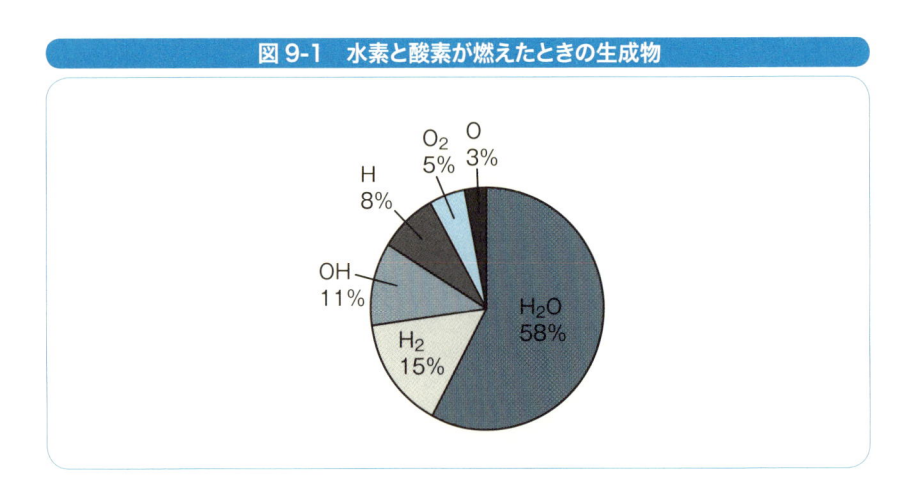

図9-1 水素と酸素が燃えたときの生成物

- H_2O 58%
- H_2 15%
- OH 11%
- H 8%
- O_2 5%
- O 3%

図9-1の他にも、HO_2、H_2O_2、HO_3等がわずかに発生しますが、そのガスには地球温暖化ガスのCO_2は含まれないので、水素は環境にやさしい燃料です。また、図0-8のように宇宙ロケットにも水素と酸素は、使われています。したがって、水素は、究極なエネルギー源です。よって、水素と酸素の反応生成物と温度を求める問題が、もっとも大切な熱力学の実践問題になります。そのためには今まで学んできた熱力学のすべての知識が必要ですが、生成物の種類が多いと計算が複雑になるので、本書では、水素（H_2）、酸素（O_2）、水（H_2O）のみを考えます。

9-2 水素と酸素と水だけで考えよう

仮に、世の中に、水素、酸素、水しかないとしても、反応生成物は、H$_2$Oだけではなく、図9-2のように、水素（H$_2$）と酸素（O$_2$）が残ります。これは不完全な反応ではなく、この状態がエネルギー的に安定なのです。ということはこの安定な状態が求まれ

図 9-2 水素と酸素の反応生成物

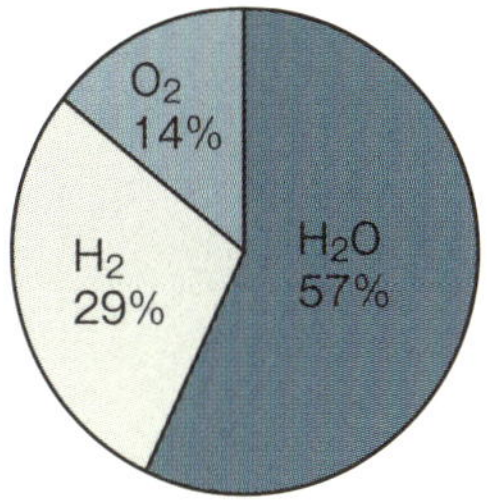

- H$_2$O 57%
- H$_2$ 29%
- O$_2$ 14%

ば、できる生成物の割合がわかります。ここで8章の自由エネルギーgを水素、酸素、水で使います。

図 9-3 水素と酸素の反応

はじめの成分
H$_2$：xモル
O$_2$：yモル

➡

最終成分
H$_2$O：n_{H_2O} モル
H$_2$：n_{H_2} モル
O$_2$：n_{O_2} モル

ではまず、図9-3で表わせる水素と酸素の反応で、最終成分のn_{H_2O}、n_{H_2}、n_{O_2}の値を求めます。図9-3の反応を式で表わすと、

はじめの成分　　　最終成分

$$x \cdot H_2 + y \cdot O_2 \;\Rightarrow\; n_{H_2O} \cdot H_2O + n_{H_2} \cdot H_2 + n_{O_2} \cdot O_2 \qquad (9\text{-}2)$$

xモルの水素　　yモルの酸素　　n_{H_2O} モルの水　　n_{H_2} モルの水素　　n_{O_2} モルの酸素

多少複雑になりますが、8章の水と水蒸気の場合と同様に扱えます。水

と水蒸気が両方ともエネルギー的に安定した状態は、

「⇆」は、エネルギー的に安定ということ

$$H_2O（水） \rightleftarrows H_2O（水蒸気） \tag{9-3}$$

と表現し、その条件は図8-3で説明した自由エネルギーで表わすと、

$$式（8-5） \quad g_水 = g_{水蒸気} \tag{9-4}$$

でした。水素（H_2）、酸素（O_2）と水（H_2O）の場合も、エネルギー的に安定した状態は、

$$H_2 + \frac{1}{2}O_2 \rightleftarrows H_2O \tag{9-5}$$

$$g_{H_2} + \frac{1}{2}g_{O_2} = g_{H_2O} \tag{9-6}$$

と表わせます。gは、式（8-1）（$g = h - T \cdot s$）で定義されていますので、式（9-6）の水素（H_2）、酸素（O_2）と水（H_2O）の自由エネルギーgは、

$$\begin{cases} g_{H_2O} = h_{H_2O} - T \cdot (s_{H_2O} + \Delta s_{H_2O}) \\ g_{H_2} = h_{H_2} - T \cdot (s_{H_2} + \Delta s_{H_2}) \\ g_{O_2} = h_{O_2} - T \cdot (s_{O_2} + \Delta s_{O_2}) \end{cases} \tag{9-7}$$

になります。エンタルピーhとエントロピーsの具体的な数値は、表9-1です。ただし、5-5節で学んだおならが拡散すると乱雑さの程度を示すエントロピーが増大するように、水素、酸素、水の分子を混ぜても、エントロピーは増加します。それで式（9-7）にはΔsが加えてあります。水素と酸素の反応では、エントロピーの増加量Δsの値が必要不可欠なので、次節で求めます。ここでは3つの分子を混ぜる場合を考えます。計算が難しい場合は式（9-20）に進んでください。

表9-1　エンタルピーhとエントロピーs

	エンタルピーh J/mol	エントロピーs J/molK
H_2O	$h = 57.963T - 288170$	$s = 0.0171T + 235.84$
H_2	$h = 37.956T - 25246$	$s = 0.0111T + 169.65$
O_2	$h = 40.720T - 24143$	$s = 0.0120T + 248.61$

9-3 分子を混ぜるとエントロピーはどのくらい増える?

5章5-5節で述べたように、図9-4（a）から（b）に2つの分子が混ざり合うと、乱雑さの程度を示すエントロピーは増加します。

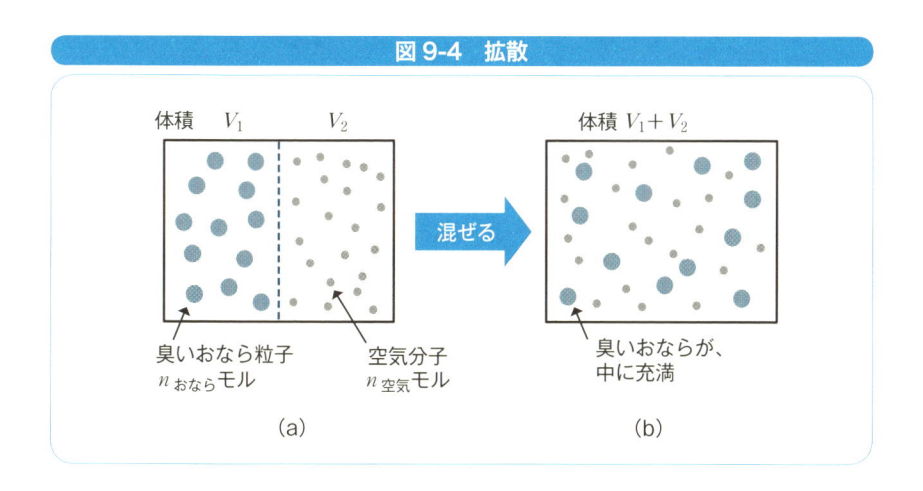

図9-4　拡散

体積 V_1　　V_2　　　　　　体積 $V_1 + V_2$

混ぜる

臭いおなら粒子　空気分子　　　臭いおならが、
$n_{おなら}$モル　$n_{空気}$モル　　中に充満

（a）　　　　　　　　　（b）

上図の混ざり合いにおけるおならのエントロピーの増加量 $\Delta S_{おなら}$ は、式（5-7）と同様に、次式で求まります。

質量　　気体定数　　おならが広がった体積

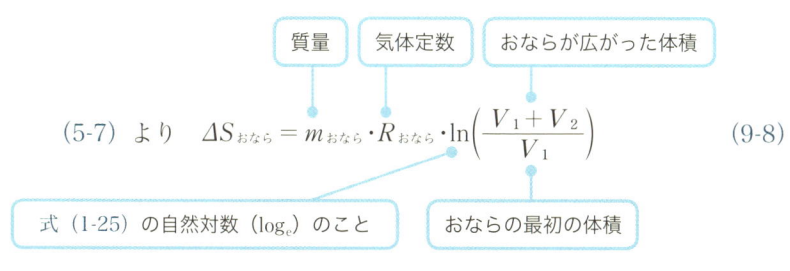

$$(5\text{-}7) \text{ より } \quad \Delta S_{おなら} = m_{おなら} \cdot R_{おなら} \cdot \ln\left(\frac{V_1 + V_2}{V_1}\right) \tag{9-8}$$

式（1-25）の自然対数（$\log_e$）のこと　　おならの最初の体積

図9-5のように、水素（H_2）、酸素（O_2）、水（H_2O）の3つの分子を混ぜ合わせた場合も同様です。

図 9-5　拡散

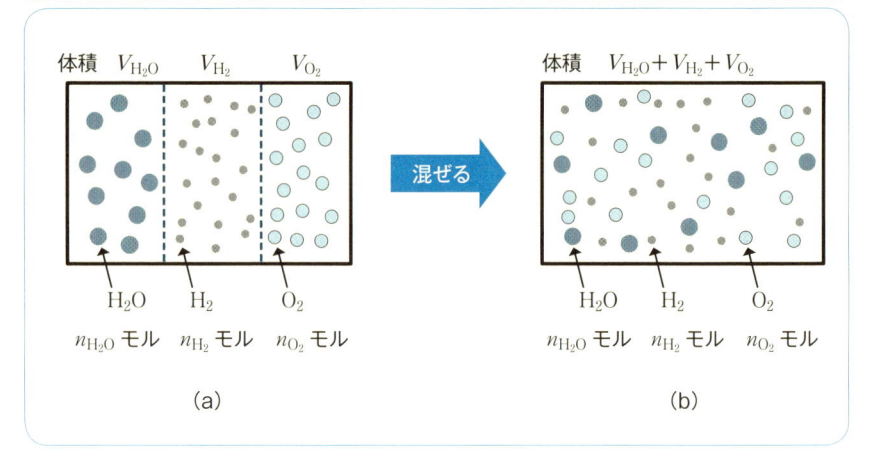

(a) 体積 V_{H_2O}　V_{H_2}　V_{O_2}
　H_2O　H_2　O_2
　n_{H_2O} モル　n_{H_2} モル　n_{O_2} モル

混ぜる →

(b) 体積 $V_{H_2O} + V_{H_2} + V_{O_2}$
　H_2O　H_2　O_2
　n_{H_2O} モル　n_{H_2} モル　n_{O_2} モル

　ただし、水素と酸素が反応した場合、その温度は高いので、水は、すべて気体、つまり、水蒸気になります。上図のような混合による水のエントロピーの増加量 ΔS_{H_2O} は、上式（9-8）と同様に、

（9-8）より
$$\Delta S_{H_2O} = m_{H_2O} \cdot R_{H_2O} \cdot \ln\left(\frac{V_{H_2O} + V_{H_2} + V_{O_2}}{V_{H_2O}}\right) \tag{9-9}$$

（質量）（気体定数）（H_2Oが広がった体積）（H_2Oの最初の体積）

ここで、水（H_2O）分子の全質量 m_{H_2O} [kg] は、次式（3-19）より、

式（3-19）
$$m_{H_2O} = \frac{n_{H_2O} \times M_{H_2O}}{1000} \tag{9-10}$$

（分子量 [g/mol]）

さらに、水（H_2O）分子の気体定数 R_{H_2O} は、式（3-15）より、

式（3-15）
$$R_{H_2O} = \left(\frac{R_u}{M_{H_2O}} \times 1000\right) \tag{9-11}$$

で求まります。式（9-10）と式（9-11）を式（9-9）に代入すると、H_2O の1モルあたりのエントロピーの増加量 Δs_{H_2O} は、次式となります。

$$\frac{\Delta S_{H_2O}}{n_{H_2O}} = \Delta s_{H_2O} = R_u \cdot \ln\left(\frac{V_{H_2O} + V_{H_2} + V_{O_2}}{V_{H_2O}}\right) \tag{9-12}$$

図9-5 (a)(b) では、圧力と温度 T は変わりませんので、式 (3-5) の理想気体の状態方程式より、

圧力　体積　分子数　温度

$$\begin{cases} p \times V_{H_2O} = n_{H_2O} \times R_u \times T & (9\text{-}13) \\ p \times V_{H_2} = n_{H_2} \times R_u \times T & (9\text{-}14) \\ p \times V_{O_2} = n_{O_2} \times R_u \times T & (9\text{-}15) \end{cases}$$

一般気体定数

上式の両辺を足し合わせ整理すると、

$$p \times (V_{H_2O} + V_{H_2} + V_{O_2}) = (n_{H_2O} + n_{H_2} + n_{O_2}) \times R_u \times T \tag{9-16}$$

上式の両辺を上式 (9-13) の両辺で割ると、

$$\frac{p \times (V_{H_2O} + V_{H_2} + V_{O_2})}{p \times V_{H_2O}} = \frac{(n_{H_2O} + n_{H_2} + n_{O_2}) \times R_u \times T}{n_{H_2O} \times R_u \times T} \tag{9-17}$$

整理すると、

$$\left(\frac{V_{H_2O} + V_{H_2} + V_{O_2}}{V_{H_2O}}\right) = \left(\frac{n_{H_2O} + n_{H_2} + n_{O_2}}{n_{H_2O}}\right) \tag{9-18}$$

上式 (9-12) を式 (9-18) で置き換えて、H_2O 1 モルあたりのエントロピー増加量を Δs_{H_2O} で表わすと、次式となります。

$$\Delta s_{H_2O} = R_u \cdot \ln\left(\frac{n_{H_2O} + n_{H_2} + n_{O_2}}{n_{H_2O}}\right) \tag{9-19}$$

そこで、式 (9-19) の水 (H_2O) と同様に、水素 (H_2)、酸素 (O_2) について考えると、各成分のエントロピーの増加量 Δs は、次式 (9-20) になります。つまり、図9-5のように水素 (H_2)、酸素 (O_2)、水 (H_2O) を混ぜるだけで、次式のようにエントロピーは増加します。

$$\begin{cases} \Delta s_{H_2O} = R_u \cdot \ln\left(\dfrac{n_{H_2O} + n_{H_2} + n_{O_2}}{n_{H_2O}}\right) \\ \Delta s_{H_2} = R_u \cdot \ln\left(\dfrac{n_{H_2O} + n_{H_2} + n_{O_2}}{n_{H_2}}\right) \\ \Delta s_{O_2} = R_u \cdot \ln\left(\dfrac{n_{H_2O} + n_{H_2} + n_{O_2}}{n_{O_2}}\right) \end{cases} \quad (9\text{-}20)$$

したがって、式（9-7）の自由エネルギーgは、次式（9-21）で求まります。ここでは、sは、混合していない状態で、表9-1で計算できる分子1モルのエントロピーです。Δsは、式（9-20）から求める値です。

$$\begin{cases} g_{H_2O} = h_{H_2O} - T \cdot (s_{H_2O} + \Delta s_{H_2O}) \\ g_{H_2} = h_{H_2} - T \cdot (s_{H_2} + \Delta s_{H_2}) \\ g_{O_2} = h_{O_2} - T \cdot (s_{O_2} + \Delta s_{O_2}) \end{cases} \quad (9\text{-}21)$$

（温度／表9-1を入力／式（9-20））

この式（9-21）の自由エネルギーgを使って、水素H_2と酸素O_2の反応から、何ができるか次節では求めてみましょう。

9-4 自由エネルギーで計算しよう！

水素と酸素の反応の例として、1モルの水素H_2と、0.5モルの酸素O_2が反応した際の、最終生成物を計算して求めてみましょう。この場合、図9-3と前式 (9-2) のxとyは、$x=1$、$y=\frac{1}{2}$となりますので、式 (9-2) は次式になります。

$$H_2 + \frac{1}{2}O_2 \;\rightarrow\; n_{H_2O} \cdot H_2O + n_{H_2} \cdot H_2 + n_{O_2} \cdot O_2 \tag{9-22}$$

上式の左辺と右辺において、水素原子H、酸素原子Oの数は、同じでないといけないので、

式 (9-22) の左辺のH（水素原子）の数 ＝ 式 (9-22) の右辺のHの数
式 (9-22) の左辺のO（酸素原子）の数 ＝ 式 (9-22) の右辺のOの数

$$\begin{cases} \text{Hの数；} \quad 2 = n_{H_2O} \times 2 + n_{H_2} \times 2 & (9\text{-}23) \\ \\ \text{Oの数；} \quad \frac{1}{2} \times 2 = n_{H_2O} \times 1 + n_{O_2} \times 2 & (9\text{-}24) \end{cases}$$

（9-23式の矢印注釈：H_2のHの数　H_2OのHの数　H_2のHの数）
（9-24式の矢印注釈：O_2のOの数　H_2OのOの数　O_2のOの数）

となり、したがって、式 (9-23) の両辺を2で割って、両辺からn_{H_2O}を引くと、次式 (9-25) となります。一方、式 (9-24) の両辺からn_{H_2O}を引き、両辺を2で割ると、次式 (9-26) が導けます。

$$n_{H_2} = 1 - n_{H_2O} \tag{9-25}$$

$$n_{O_2} = \frac{1 - n_{H_2O}}{2} \tag{9-26}$$

それでは、この9章で導いた式を使って、自由エネルギーg_{H_2}、g_{O_2}、g_{H_2O}を求めます。

まず、一例として、気体の温度を3300Kと仮定して計算します。導いた式 (9-7)、式 (9-20)、式 (9-21)、式 (9-25)、式 (9-26)、表9-1を

使ってExcelで計算し、自由エネルギーを求めます。その計算結果を図9-6の表に、結果から描いた自由エネルギーのグラフを図9-6（a）に示します。

水素H_2 1モル、酸素O_2 0.5モルを反応させて、気体の温度を3300 Kに設定した場合、図9-6の表に示すように、水素H_2Oのモル割合が0.67のとき、

$$g_{H_2} + \frac{1}{2} g_{O_2} = -1073$$

$$g_{H_2O} = -1073$$

となり、式（9-5）のエネルギー的に安定した状態の式、

$$H_2 + \frac{1}{2} O_2 \leftrightarrows H_2O \tag{9-5}$$

を数値的に満足します。

したがって、図9-6（a）では、$(H_2 + \frac{1}{2} O_2)$の線の－1073と(H_2O)の線の－1073が交点となり、図8-3や図8-7の場合のように、温度3300Kにおける安定な状態となります。

このように、自由エネルギーを計算して、図9-6の表や図9-6（a）のように表わすことで、仮定した圧力と温度での安定な気体の反応生成物が求まります。

では、この手法を使って、水素を酸素で燃やすとどのくらいの温度になるかを最後に考えてみましょう。

ものを燃やしたときの温度が高い方が、利用できる熱エネルギーは大きくなります。したがって、エネルギー問題を考える上で、大きな手掛かりとなるでしょう。

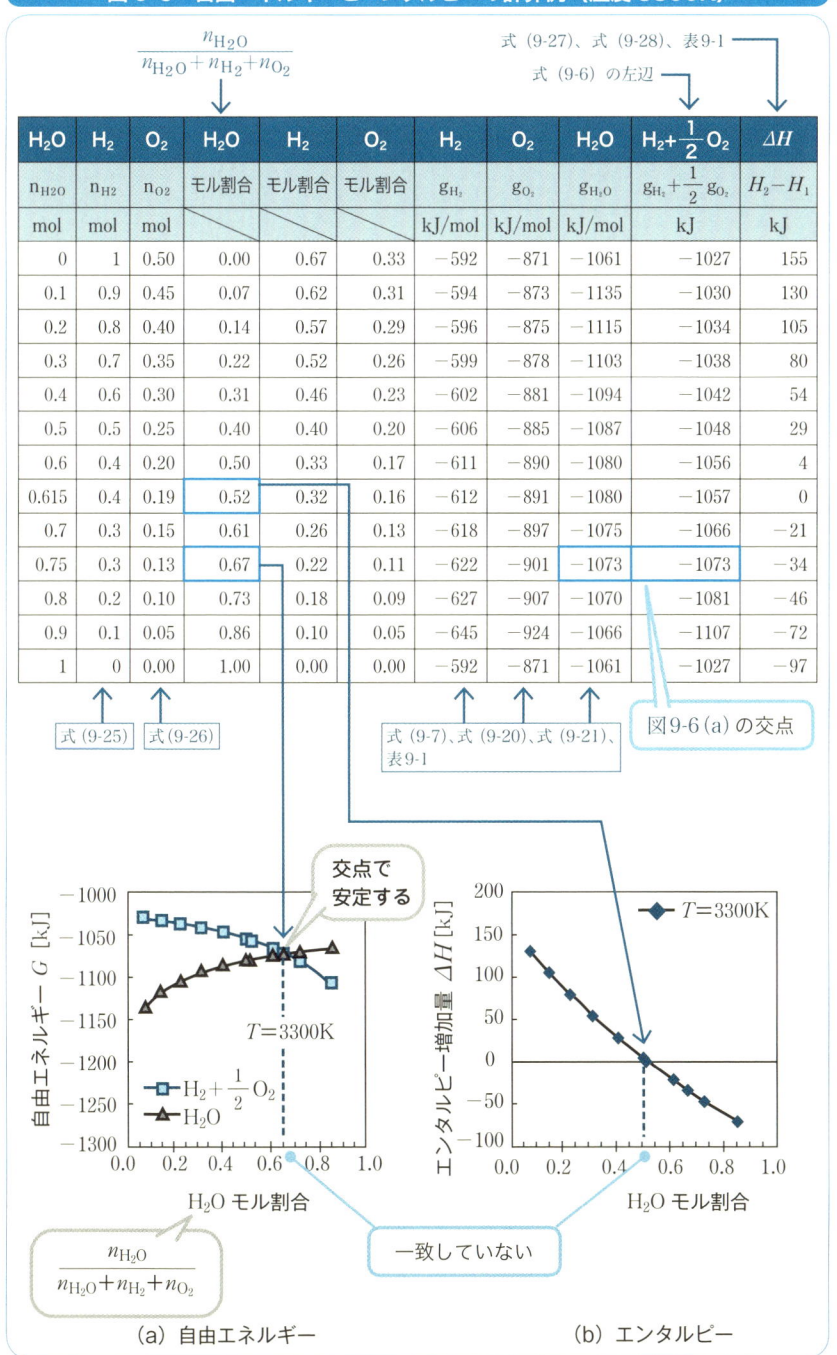

図 9-6　自由エネルギーとエンタルピーの計算例（温度 3300K）

$\dfrac{n_{H_2O}}{n_{H_2O}+n_{H_2}+n_{O_2}}$

式 (9-27)、式 (9-28)、表9-1
式 (9-6) の左辺

H_2O	H_2	O_2	H_2O	H_2	O_2	H_2	O_2	H_2O	$H_2+\dfrac{1}{2}O_2$	ΔH
n_{H_2O}	n_{H_2}	n_{O_2}	モル割合	モル割合	モル割合	g_{H_2}	g_{O_2}	g_{H_2O}	$g_{H_2}+\dfrac{1}{2}g_{O_2}$	H_2-H_1
mol	mol	mol				kJ/mol	kJ/mol	kJ/mol	kJ	kJ
0	1	0.50	0.00	0.67	0.33	−592	−871	−1061	−1027	155
0.1	0.9	0.45	0.07	0.62	0.31	−594	−873	−1135	−1030	130
0.2	0.8	0.40	0.14	0.57	0.29	−596	−875	−1115	−1034	105
0.3	0.7	0.35	0.22	0.52	0.26	−599	−878	−1103	−1038	80
0.4	0.6	0.30	0.31	0.46	0.23	−602	−881	−1094	−1042	54
0.5	0.5	0.25	0.40	0.40	0.20	−606	−885	−1087	−1048	29
0.6	0.4	0.20	0.50	0.33	0.17	−611	−890	−1080	−1056	4
0.615	0.4	0.19	0.52	0.32	0.16	−612	−891	−1080	−1057	0
0.7	0.3	0.15	0.61	0.26	0.13	−618	−897	−1075	−1066	−21
0.75	0.3	0.13	0.67	0.22	0.11	−622	−901	−1073	−1073	−34
0.8	0.2	0.10	0.73	0.18	0.09	−627	−907	−1070	−1081	−46
0.9	0.1	0.05	0.86	0.10	0.05	−645	−924	−1066	−1107	−72
1	0	0.00	1.00	0.00	0.00	−592	−871	−1061	−1027	−97

式 (9-25)　式 (9-26)　　式 (9-7)、式 (9-20)、式 (9-21)、表9-1　　図9-6(a) の交点

(a) 自由エネルギー

$\dfrac{n_{H_2O}}{n_{H_2O}+n_{H_2}+n_{O_2}}$

交点で安定する　$T=3300K$　$H_2+\dfrac{1}{2}O_2$　H_2O

(b) エンタルピー

$T=3300K$　一致していない

9-4　自由エネルギーで計算しよう！

第9章　水素と酸素からできるものは、水だけ？

9-5 ロケットの炎の温度は何度？

　宇宙ロケット燃料の多くには水素が使われ、その水素を酸素で燃やし、高温燃焼ガスを排出し大きなエネルギーで炎を出して飛んでいきます。では、水素を酸素で燃やしたときの炎の温度は何℃でしょうか？

　水素を酸素で燃やすということは、水素と酸素を反応させるということで、水素と酸素の火炎温度を計算するという問題になります。その計算条件を、図9-7（b）のように、反応で発生した熱が容器の外に逃げないとします（断熱条件）。したがって、容器外部からの加熱量はないので、加熱量 $Q=0$ になります。圧力は、101kPa（1気圧）としましょう。

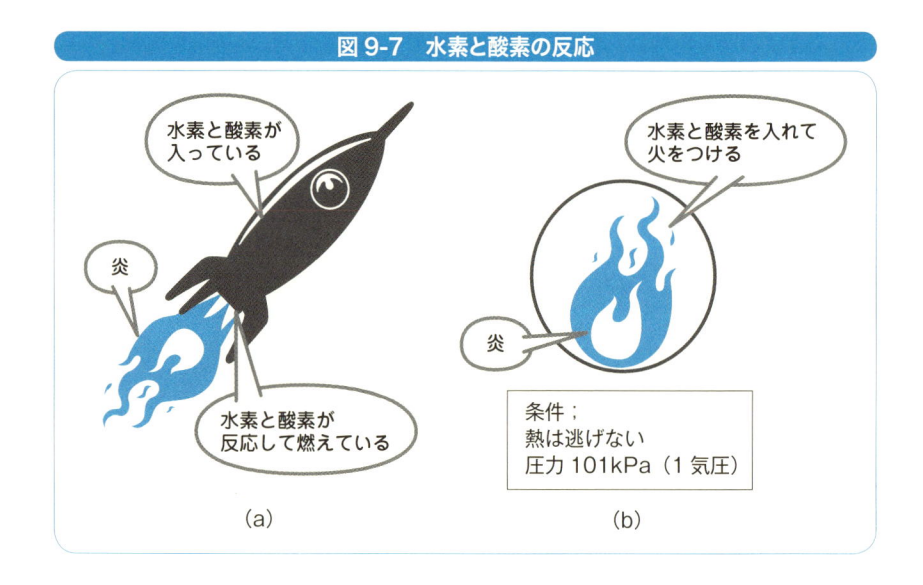

図9-7　水素と酸素の反応

(a) 水素と酸素が入っている／炎／水素と酸素が反応して燃えている

(b) 水素と酸素を入れて火をつける／炎／条件；熱は逃げない　圧力101kPa（1気圧）

　エンタルピーの変化量は、反応前のエンタルピー H_1、反応後のエンタルピー H_2 のとき、式（4-17）の $Q=H_2-H_1=\Delta H$ と加熱量 $Q=0$ から、

$$H_2-H_1=\Delta H=0 \tag{9-27}$$

でなければなりません。ここで、H_1、H_2 は次式となります。

$$\begin{cases} H_1 = 1 \times h^0{}_{H_2} + \dfrac{1}{2} \times h^0{}_{O_2} \\ H_2 = n_{H_2O} \times h_{H_2O} + n_{H_2} \times h_{H_2} + n_{O_2} \times h_{O_2} \end{cases} \quad (9\text{-}28)$$

ここで、エンタルピー h^0 は、1気圧、25℃の水素と酸素の1モルのエンタルピーです。水素と酸素のエンタルピーの値 $h^0{}_{H_2}$、$h^0{}_{O_2}$ は、1気圧、25℃の値をエンタルピーの基準として、0(ゼロ)と熱力学では決めていますので、式(9-28)のエンタルピー H_1 は $H_1 = 0$ になります。

温度3300Kにおけるエンタルピーの増加量 ΔH を計算した結果を、図9-6の表に、その結果をグラフにしたものを図9-6(b)エンタルピーに示しました。

図9-6(b)を見ると、$\Delta H = 0$ の場合のH_2Oのモル割合は、0.52でした。図9-6(a)自由エネルギーの温度3300Kの交点は、H_2Oのモル割合が、0.67ですので、このモル割合0.52の状態では、気体は安定していません。

安定する温度を見つけるために、さらに、温度を変えて調べます。温度3502Kにおけるエンタルピーの増加量 ΔH の計算結果を図9-8に示します。図9-8(a)自由エネルギーの交点を見ると、そのときのH_2Oのモル割合は0.568(約57%)です。図9-8(b)エンタルピーを見ても、このH_2Oのモル割合0.57は、エンタルピーの変化量 $\Delta H = 0$ を満たします。

図 9-8　自由エネルギーとエンタルピーの計算(温度 3502K)

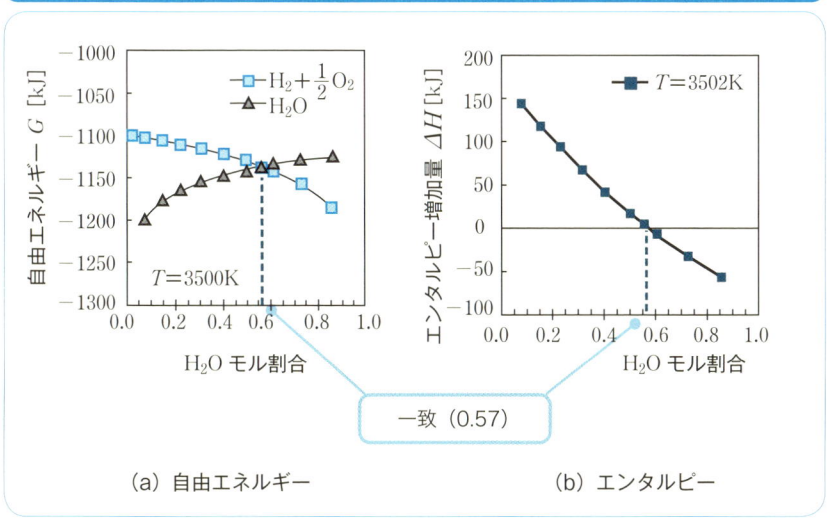

(a) 自由エネルギー　　　　(b) エンタルピー

一致（0.57）

9-5 ロケットの炎の温度は何度？

このことは、水素1モルと酸素0.5モルを1気圧で反応させると、その炎の温度は約3500Kであり、その状態で気体は安定していますので、反応生成物は、図9-2ということを意味しています。

ただし、この計算では、成分を、H_2、O_2、H_2O の3種類としましたので、比較的楽に計算できましたが、図9-1のように何種類もの反応生成物を考える場合は、参考文献*等の化学平衡計算ソフトを用いなければなりません。

実際には、図9-1を化学平衡計算ソフトで求めるときは、約50個の成分が用いられていますが、そこで使われている原理は、水素、酸素、水の3つの成分で本書で説明した計算原理と全く同じものです。したがって、熱力学の流れを理解し、原理を理解し、新しいものにチャレンジすれば、必ずエネルギー問題の解決につながります。

燃料電池と熱力学 ― 熱力学の使われ方 ―

図9-9（a）のような燃料電池を使った燃料電池自動車は、現在のエンジンに代わるものとして注目されています。その自動車では、燃料電池で水素H_2と酸素O_2を反応させ電気エネルギーを生み、電気モーターを回しています。この燃料電池の性能にも熱力学は深くかかわっています。

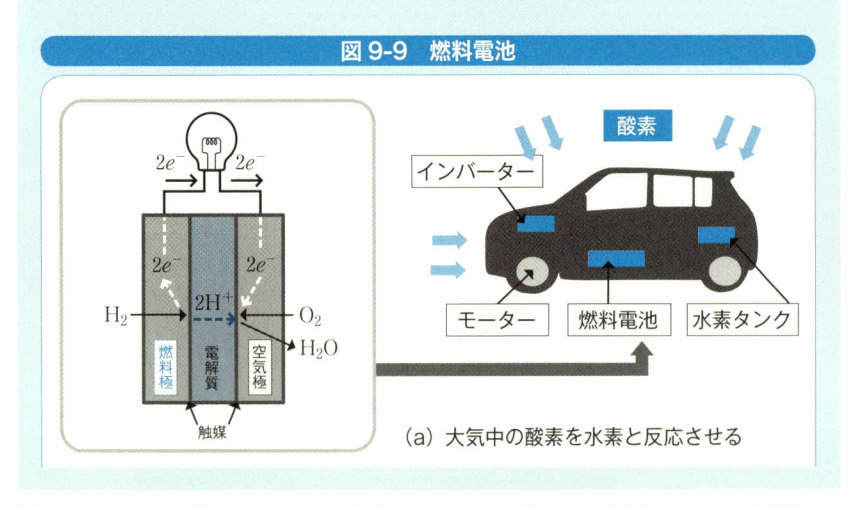

図 9-9　燃料電池

（a）大気中の酸素を水素と反応させる

* B. J. McBride and S. Gordon "Computer Program for Calculation of Complex Chemical Equilibrium Composition and Applications" NASA RP 1311. Lewis Research Center. June 1996.

(b) 水の電気分解と逆のしくみで発電

　燃料電池の中では、水素と酸素が、理想的には定温定圧で反応しますので、$dT=0$ となり、ギブスの自由エネルギー（$g=h-T\cdot s$）の変化 dg は、$dg=dh-T\cdot ds$ になります。この式と熱力学の第1法則（$\delta q=du+\delta w$）と熱力学の第2法則（$T\cdot ds\geq \delta q$）を使うと、

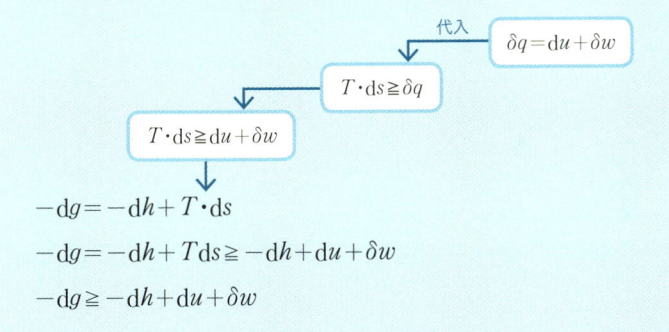

$$\delta q = du + \delta w$$
$$T\cdot ds \geq \delta q$$
$$T\cdot ds \geq du + \delta w$$

$$-dg = -dh + T\cdot ds$$
$$-dg = -dh + Tds \geq -dh + du + \delta w$$
$$-dg \geq -dh + du + \delta w$$

ここで、式（4-16）のエンタルピーの定義式（$h=u+p\cdot v$）は、定圧（$dp=0$）で、$dh=du+p\cdot dv$ になりますので、この式を上式に代入すると、

$$-dg \geq -p\cdot dv + \delta w$$

ここで、外部仕事 δw を電気として取り出されるエネルギー（δw_e）と気体が膨張して行った仕事（$\delta w_p = p\cdot dv$）に分け、上式に代入すると、

$$\delta w = \delta w_e + \delta w_p = \delta w_e + p\cdot dv$$
$$-dg \geq \delta w_e$$

になります。したがって、ギブスの自由エネルギーの差が、燃料電池から取り出される電気エネルギーの最大値になります。図9-9（b）の反応式のように水素1molが反応すると、dg = −237kJ/molになり、燃料電池で得られる電気エネルギーは、237kJ/molになります。

　燃料電池自動車では、この電気エネルギーを電気モーターで力学的エネルギーに変え走行します。燃料電池と電気モーターの変換効率は、エンジンに比べ、極めて高いので、近い将来、ガソリンエンジン車が、燃料電池自動車に代わってしまうかもしれませんが、そのような時代になっても熱力学の必要性はなくなりません。

あとがき
～熱力学はバッチリ?

　皆さんの熱力学の勉強は、これで終わりではありません。これからが、本当のスタートです。きっと、これからいろいろな熱力学の本と出合います。熱力学の本によっては、同じ記号を使っていても、定義が異なることがよくあります。この本では、理想気体の状態方程式で、一般気体定数 R_u と気体定数 R_g がありましたが、どちらかを R と表現する場合があります。一般に、工学系の本では、気体定数 R_g が R と、理学系の本では一般気体定数 R_u を R と表現します。

　質量 1kg のものを温度 1℃上げるための熱量を表わす比熱 C_p も、1 モルあたりの比熱（モル比熱）と定義する場合も多いです。さらに 1 モルあたり、あるいは 1kg あたりのエンタルピーを、比エンタルピーと呼ぶ場合やそのままエンタルピーという場合もあります。このように定義の不統一さが、熱力学を難しくしている理由の 1 つです。皆さんは、熱力学で将来きっと迷われると思います。しかし、そのとき、熱力学で迷わないコツは、各記号の意味と単位に気をつけることです。そして、この本を 1 つの足掛かりとして、皆さんが、成長されることを願っています。

　最後に、本書の編集に協力してくれた埼玉工業大学石原研究室と愛媛大学中原研究室の学生諸君のご協力にまずは心から感謝致します。そして、出版にあたりご尽力頂いた技術評論社 菊池 猛氏、適切な御助言をして下さった技術評論社 冨田裕一氏に厚く感謝の意を表します。

ギリシャ文字の読み方一覧

大文字	小文字	読み方	
A	α	アルファ	alpha
B	β	ベータ	beta
Γ	γ	ガンマ	gamma
Δ	δ	デルタ	delta
E	ε	エプシロン	epsilon
Z	ζ	ジータ	zeta
H	η	イータ	eta
Θ	θ	シータ	theta
I	ι	イオタ	jota
K	κ	カッパ	kappa
Λ	λ	ラムダ	lambda
M	μ	ミュー	mu
N	ν	ニュー	nu
Ξ	ξ	クサイ	xi
O	o	オミクロン	omicron
Π	π	パイ	pi
P	ρ	ロー	rho
Σ	σ	シグマ	sigma
T	τ	タウ	tau
Y	υ	ユプシロン	upsilon
Φ	ϕ	ファイ	phi
X	χ	カイ	khi
Ψ	ψ	プサイ	psi
Ω	ω	オメガ	omega

INDEX

英字

cal	21
J	19, 21
K	58
ln	35
$\log_e$	35
mol	63
N	19
Pa	40
PS	138
pV線図	50, 127, 141
R_g	70
R_u	61
TS線図	131
Δ	47
δ	94
η	150, 154
κ	91, 124

あ行

圧縮比	150
圧力	39
圧力計	41
アボガドロ数	63
一般気体定数	61
エアコン	93, 106, 109, 110
永久機関	98
エネルギー	21
エネルギー消費効率	109
エネルギー保存則	86
エンジン	136
エンジン性能曲線	137
エンジンの効率	150, 151
エンジンの仕事	149
エンジンの出力	148
エンタルピー	90
円柱の体積	47
エントロピー	99, 129
オットーサイクル	149

か行

外部仕事	85
可逆変化	101, 117, 118
拡散	107
ガス定数	70
ガソリンエンジン	140, 151
カルノーサイクル	152
乾湿温度計	166
気体定数	70
ギブスの自由エネルギー	159

INDEX

ゲージ圧	41
ケルビン	58
工学系の状態方程式	73
混合気体	64

さ行

指圧線図	141
軸出力	138
ジクロロメタン	166
仕事	18
仕事の単位	19
質量	73
自由エネルギー	159
重量	73
ジュール	21
ジュール・トムソン効果	105
ジュールの実験	104
蒸気圧表	158
状態方程式	72, 162
状態量	130, 132
シリンダー	38
水素と酸素の反応	170
図示出力	148
積分	25
積分公式	27, 29, 35

絶対圧	41

た行

大気圧	41
台形の面積	26
ダルトンの法則	66
断熱変化	121
暖房効率	110
断面積	38
定圧比熱	90
ディーゼルエンジン	151
定積比熱	82
等圧変化	120
等エントロピー変化	122
等温変化	115, 121
等積変化	121
動力計	137, 138
トランスミッション	156
トルク	138, 155

な行

内部エネルギー	79
日本国キログラム原器	74
ニュートン	19
熱	21

熱効率	150, 154
熱伝導	107
熱力学第1法則	86
熱力学第2法則	107
燃料電池	181
ノッキング	151

は行

パスカル	40
パスカルの原理	54
馬力	138
比熱	82
比熱比	91, 124
標準大気圧	41
不可逆変化	100, 118, 119, 128
沸点	158
フレミングの左手の法則	156
分子量	64
ヘクト	41
ボイル・シャルルの法則	58
ポンプ損失	145

ま行

マイヤーの関係	91
水飲み鳥	166

モーター	155
モーメント	138
モル	63
油圧ジャッキ	54

ら行

乱雑さ	99
理学系の状態方程式	73
理想気体	62
理想気体の状態方程式	62
冷房効率	110

【著者】

石原　敦（いしはら　あつし）

1955年新潟県生まれ。埼玉工業大学工学部機械工学科教授。1981年米国イリノイ大学機械工学科博士課程修了。博士（Ph.D）、ホームページ：http://sit.ac.jp/user/ishihara、著書：ゼロからスタート・熱力学（日新出版）、担当授業科目：熱力学、工業力学、ロボット製作法、ロボット学概論　等

平成23年度　早稲田塾、GOOD PROFESSOR（グッドプロフェッサー）、http://www.wasedajuku.com/wasemaga/good-professor に選出。平成24年度埼玉県高校生ロボットコンテスト審査委員、フジテレビ「ほこ×たて」平成24年10月21日出演。

中原　真也（なかはら　まさや）

1964年東京都生まれ。愛媛大学大学院理工学研究科機械工学コース・准教授。
1998年九州大学 大学院工学研究科 機械工学専攻 博士後期課程修了。博士（工学）、ホームページ：http://www.me.ehime-u.ac.jp/labo/kikaiene/netu/nakahara.html、著書：水素・燃料電池ハンドブック(分担共著、オーム社)、担当授業科目：熱力学、熱力学演習、熱機関工学、機械工学実験、燃焼工学　等

カバーイラスト	● ゆずりはさとし
カバー・本文デザイン	● 小山巧（志岐デザイン事務所）
本文図版・DTP	● BUCH⁺

●本書の内容に関するご質問は、下記の宛先までFAXか書面にてお願いいたします。お電話によるご質問および本書に記載されている内容以外のご質問にはいっさいお答えできません。あらかじめご了承ください。

〒162-0846
東京都新宿区市谷左内町21-13
㈱ 技術評論社　書籍編集部
『熱力学がわかる』
FAX 03-3267-2271

ファーストブック
熱力学がわかる
ねつりきがく

2013年6月5日　初版　第1刷発行

著　者　石原　敦
　　　　　いしはら　あつし
　　　　　中原真也
　　　　　なかはらまさや
発行者　片岡　巌
発行所　株式会社技術評論社
　　　　東京都新宿区市谷左内町21-13
　　　　電話　03-3513-6150　販売促進部
　　　　　　　03-3267-2270　書籍編集部
印刷／製本　株式会社加藤文明社
定価はカバーに表示してあります。

本書の一部または全部を著作権法の定める範囲を超え、無断で複写、転載、複製、テープ化、ファイルに落とすことを禁じます。

©2013　石原敦　中原真也

造本には細心の注意を払っておりますが、万一、乱丁（ページの乱れ）や落丁（ページの抜け）がございましたら、小社販売促進部までお送りください。送料小社負担にてお取り替えいたします。

ISBN978-4-7741-5652-1　C3053
Printed in Japan